山美水库流域
生态环境保护研究

SHANMEI SHUIKU LIUYU

SHENGTAI HUANJING BAOHU YANJIU

蔡金傍◎著

U0395452

河海大学出版社

HOHAI UNIVERSITY PRESS

·南京·

图书在版编目（CIP）数据

山美水库流域生态环境保护研究/蔡金傍著.—南京:河海大学出版社,2021.9
ISBN 978-7-5630-7190-6

Ⅰ.①山… Ⅱ.①蔡… Ⅲ.①水库-流域-生态环境-保护-研究-南安 Ⅳ.①X321.257.4

中国版本图书馆 CIP 数据核字(2021)第 186518 号

书　　名	山美水库流域生态环境保护研究	
书　　号	ISBN 978-7-5630-7190-6	
责任编辑	卢蓓蓓	
特约编辑	李　阳	
责任校对	张心怡	
封面设计	徐娟娟	
出版发行	河海大学出版社	
地　　址	南京市西康路 1 号(邮编:210098)	
网　　址	http://www.hhup.com	
电　　话	(025)83737852(总编室)	(025)83722833(营销部)
经　　销	江苏省新华发行集团有限公司	
排　　版	南京月叶图文制作有限公司	
印　　刷	广东虎彩云印刷有限公司	
开　　本	787 毫米×1092 毫米　1/16	
印　　张	13.5	
字　　数	242 千字	
版　　次	2021 年 9 月第 1 版	
印　　次	2021 年 9 月第 1 次印刷	
定　　价	58.00 元	

前　　言

山美水库于 1972 年建成投运,是一座以供水为主,结合防洪、发电、灌溉等综合利用的大型水利工程,是福建省四大江之一的晋江,目前唯一的一座大型水库。水库坝址以上流域面积 1 383 km²(其中山美水库流域面积 1 023 km²,跨闽江流域调水龙门滩水库流域面积 360 km²),多年平均径流量 14 亿 m³(其中 4.17 亿 m³ 为跨流域调水),总库容 6.55 亿 m³。山美水库担负着晋江下游南安市、晋江市、石狮市、惠安县、鲤城区、丰泽区、洛江区、泉港区等 9 个县、市、区的生活和生产用水,年供水量约 10 亿 m³。

为贯彻落实党中央、国务院"让江河湖泊休养生息"和十八大及十八届三中全会关于"生态文明建设"的战略部署,加快对水质较好湖泊(含水库,下同)的保护,避免众多水质较好湖泊走"先污染、后治理"的老路,环境保护部(现为"生态环境部")、国家发展和改革委员会、财政部印发了《水质较好湖泊生态环境保护总体规划(2013—2020 年)》,组织开展江河湖泊生态环境保护专项工作,推动了我国湖泊生态环境保护思路由原有的"重治理,轻保护"向"防治并举,保护优先"转变。中央财政安排资金对湖泊生态环境保护试点工作予以支持,鼓励探索"一湖一策"的湖泊生态环境保护方式,引导建立湖泊生态环境保护长效机制。

山美水库作为泉州市饮用水水源地被列入国家《水质较好湖泊生态环境保护总体规划(2013—2020 年)》确定的"规划湖泊清单"。2013 年,泉州市山美水库管理处与原环境保护部南京环境科学研究所共同开展山美水库生态环境保护的研究工作。本项研究以"保护优先、预防为主、防治结合"为原则,从流域统筹考虑角度出发,运用生态学原理,通过生态保护措施、工程治理措施和非工程措施相结合的方法削减入库污染负荷、促进流域和水库的生态系统恢复,同时开展流域及水源地监控预警体系和管理能力建设,保护和改善山美水库水环境和生态环境质量,对维护区域生态系统的稳定和良性循环具有重要的现实意义和深远的影响,同时也对湖(库)流域生态环境保护具有很好的参考和示范作用。

目　　录

1 总论

1.1 研究背景与意义

根据《中华人民共和国水污染防治法》,按照党中央、国务院"让江河湖泊休养生息"的战略部署,为保护湖泊生态环境,改善湖泊水质,避免众多湖泊走"先污染、后治理"的老路,从 2010 年起,财政部、环境保护部联合开展了对水质良好湖泊生态环境的保护工作。2010 年,国家安排中央财政资金 5 000 万元用于抚仙湖生态环境保护试点工作;2011 年 6 月,财政部、环境保护部联合印发《湖泊生态环境保护试点管理办法》(财建〔2011〕464 号),安排中央财政资金 9 亿元支持洱海、梁子湖等 8 个湖泊开展生态环境保护试点工作,引导这些湖泊建立生态环境保护长效机制,鼓励探索"一湖一策"的湖泊生态环境保护方式;2012 年,两部又安排了中央财政资金 14.5 亿元启动 17 个良好湖泊的生态环境保护工作[《财政部关于下达 2012 年湖泊生态环境保护资金预算的通知》(财建〔2012〕68 号)]。财政部和环境保护部选择前期工作基础扎实、地方政府积极性高的符合条件湖泊,完成 30 个左右水质较好湖泊生态环境保护任务,同时启动 50～70 个湖泊生态环境保护前期工作;到 2020 年,进一步扩大保护范围,争取把我国 50 km² 以上的水质良好湖泊都保护起来,促进健全我国湖泊生态环境保护政策体系,推动建立湖泊生态环境保护长效机制。

山美水库为泉州市最重要的饮用水源地,担负着福建四大江之一的晋江下游晋江市、石狮市、南安市等 9 个市(县、区)生产生活用水需求的重任,年供水量约 10 亿 m³。同时,山美水库也是大陆向台湾金门岛供水的水源地。作为泉州市的水源地,泉州市政府历来也十分重视水库及其汇水、输水区域的环境保护,近年来投入大量人力、物力及财力,采取了多种积极的措施,加大了对点源、面源污染的治理,取得了一定成效,区域环境状况得到改善。但随着水库流域种养殖业的发展以及城镇和农村居民生活水平的不断提高,输入水库的污染负荷逐年增大,如果不继续采取有效措施加以根治,水质安全将难以得到保障。

1.2　总体思路

1.2.1　指导思想

以山美水库的水生态安全保障为目标,饮用水源安全保障为核心,以建设人与自然和谐相处的"绿色流域"为主线,以减轻水体污染贡献为出发点,以削减污染负荷为落脚点,以"一湖一策、生态为本、控源减污"为战略导向,秉承"分类、分区、分级、分期"的工作思路,以控源减排为根本,污染治理为补充,流域监管为保障,着眼于湖泊水环境的突出问题和生态安全保障的薄弱环节,全面协调山美水库流域社会、经济、环境发展,合理提出山美水库流域生态环境保护措施,科学设计生态环境保护工程项目方案,为山美水库的水源地环境污染治理提供技术支持。

1.2.2　编制原则

(1) 统筹兼顾、综合治理

水库流域生态环境保护应治理与管理并重,工程措施与非工程措施并举,有针对性地解决好流域生态环境保护存在的突出环境问题。坚持人与自然和谐发展,充分考虑流域社会、经济与资源、环境之间的关系,统筹环境保护与城乡发展、产业结构调整,实现环境、经济和社会和谐发展。

(2) 保障发展、合理设计

考虑当地经济发展状况和条件,明确生态保护的阶段性目标,满足经济社会发展对生态环境的基本需求,确保水库生态系统修复与社会经济协调发展,社会经济效益和生态效益相结合,生态工程与资源管理相结合,达到保障经济社会持续、稳定、健康发展的目的。

（3）总体布局、分期实施

结合水库的生态演变趋势问题的复杂性特点，按照"先急后缓、先重后轻、突出重点、分步实施"的原则，区分轻重缓急，优先解决最突出的问题。方案近远期结合、逐步推进，制定分阶段目标，确定各分阶段的生态环境保护的时间表和路线图。

（4）"一湖一策"原则

从水库主要生态服务功能出发，根据山美水库的实际情况和发展方向，确定水库水质目标和生态功能目标，制定适合山美水库的污染源防治、生态保护等方面的生态环境保护方案。

1.2.3 规划范围和期限

规划范围主要包括山美水库流域及其外流域调水的龙门滩水库流域，具体包括库区周边的南安市九都镇；桃溪沿岸永春县的东关镇、东平镇、桃城镇（永春县城）、五里街镇、石鼓镇、吾峰镇、仙夹镇、达埔镇、蓬壶镇、苏坑镇、锦斗镇、呈祥乡；湖洋溪沿岸永春县的湖洋镇、介福乡和外山乡；龙门滩水库流域德化县的龙浔镇、浔中镇、盖德乡、国宝乡、赤水镇、龙门滩镇、三班镇等。

本次规划研究以 2011 年为基准年，新一段规划期限为 2013—2017 年。

1.2.4 技术路线

以维护水库水生态健康为目标，以水库总氮指标和水生态改善为核心，以氮污染物减排为主线，通过开展山美水库流域生态环境、社会经济等现状调查，分析流域主要环境问题与水库生态系统演变趋势，解析水库流域氮污染源和其他污染源，核算水环境容量和水质目标下的污染物排放控制总量，基于流域角度，统筹流域社会、经济、环境发展，制定以流域氮污染物为重点的污染物控制总量优化分配、产业结构调整、水污染防治以及水库生态保育、环境监管等生态环境保护综合方案，以保护和修复水库生态系统，改善流域水环境质量，提高生态监管能力，促进流域社会经济与环境和谐发展。项目规划技术路线详见图 1.2.1。

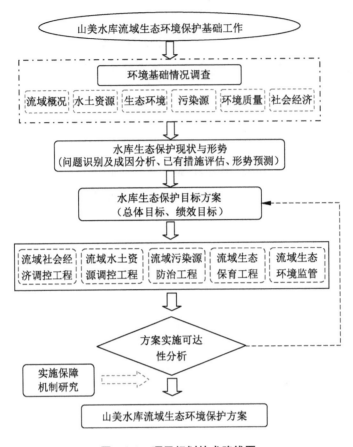

图 1.2.1 项目规划技术路线图

1.3 山美水库生态环境保护目标

1.3.1 总体目标

通过生态环境保护项目的实施,有效削减入库污染物总量,提高水环境质量,改善流域生态环境,建成完善的环境保护与监管体系,最终实现山美水库水生态系统健康发展。

水质目标:水库水环境质量得到明显改善,2017年水库总氮达到Ⅲ类水质标准,其他水质指标达到Ⅱ类水质标准。

生态目标:水库综合营养状态指数小于35,增加生态涵养林面积21 351亩①,恢复湿地面积1 500亩,增加库滨缓冲带面积1 000亩。

管理目标:流域内工业废水处理达标率达到100%,城镇生活污水和农村生活污水处理率分别达到100%和66%,城镇和农村生活垃圾收集处理率分别达到100%和80%,规模化畜禽养殖废弃物处理率达到100%,建成完善的饮用水源地生态环境监测与监管体系。

1.3.2 绩效目标

规划期限内山美水库生态环境保护项目绩效目标分别为增加库滨缓冲带面积1 000亩、恢复湿地面积1 500亩、增加生态涵养林面积21 351亩,见表1.3.1。

表 1.3.1 年度绩效目标

考核指标类型	具体考核指标	单位	规划目标	年度绩效目标				
				2013	2014	2015	2016	2017
水质指标	高锰酸盐指数	类别	Ⅱ	Ⅱ	Ⅱ	Ⅱ	Ⅱ	Ⅱ
	总氮		Ⅲ	Ⅴ	Ⅳ	Ⅲ	Ⅲ	Ⅲ
	总磷		Ⅱ	Ⅲ	Ⅲ	Ⅱ	Ⅱ	Ⅱ
	氨氮		Ⅱ	Ⅱ	Ⅱ	Ⅱ	Ⅱ	Ⅱ
富营养化指标	营养状态	—	中营养	中营养	中营养	中营养	中营养	中营养
生态环境指标	干流生态河道	km	9	4	4	1		
	支流生态河道	km	150.87	54.50	42.00	48.66	5.71	
	湿地恢复面积	亩	1 500	0		500	1 000	
	生态涵养林面积	亩	21 351	0	300	10 610	10 441	
	库滨缓冲带面积	亩	1 000	0	0	1 000		
总量控制指标	COD削减量	t/a	8 670.19	2 013.15	3 606.52	2 135.36	915.16	
	氨氮削减量		1 535.16	215.39	620.92	489.20	209.65	
	总氮削减量		2 744.44	473.94	1 103.02	817.24	350.24	
	总磷削减量		418.10	67.17	160.87	133.04	57.02	

---

① 1亩约为666.7 m²。

考核指标类型	具体考核指标	单位	规划目标	年度绩效目标				
				2013	2014	2015	2016	2017
污染控制指标	工业废水稳定达标率	%	100	60	80	100	100	100
	城镇生活污水集中处理率		100	60	90	100	100	100
	农村生活污水集中处理率		66	20	40	60	66	66
	农村生活垃圾收集处理率		80	30	60	75	80	80
	规模化畜禽养殖废弃物处理率		100	0	100	100	100	100
流域生态安全管理指标	生态观测与保护能力建设	—	建成流域生态保护监测站			筹备	基本完成	建设完成
	流域环境监测能力建设	—	建成环境监控实验中心和水质在线监测站			筹备	基本完成	建设完成
	信息化建设	—	构建数字流域环境信息系统、流域水环境预警系统			筹备	基本完成	建设完成
	应急能力建设	—	建立应急队伍、应急预案管理系统和应急指挥系统建设			筹备	基本完成	建设完成
	流域监督管理能力建设	—	流域环境监察、宣教、信息等监管能力建设			筹备	基本完成	建设完成
长效机制建设	组织保障	—	成立领导小组	完成				
	协调机制	—	区域协调机制	完成				
	政策保障	—	颁布保护条例	完成				

2 山美水库流域生态环境保护现状分析

2.1 流域概况

2.1.1 地理位置

山美水库位于泉州市西北部,即南安市九都镇山美村,水库处于晋江东溪中游,集水面积 1 023 km²(不包括龙门滩水库流域),占东溪流域的 53.4%。[①]

山美水库的地理位置见图 2.1.1。

2.1.2 水库概况

山美水库始建于 1958 年,1972 年 10 月建成投运,1997 年 7 月完成了水库扩蓄工程,增加调节库容 7 700 万 m³,现三台机组总装机容量 6.3 万 kW,年设计发电量 1.32 亿 kW·h。

水库坝址以上流域面积 1 383 km²(其中山美水库流域面积 1 023 km²,跨区域调水龙门滩水库流域面积 360 km²),多年平均径流量 14 亿 m³(其中龙门滩流域引水 4.17 亿 m³),总库容 6.55 亿 m³,调节库容 4.53 亿 m³,水库正常蓄水位 96.48 m,相应库容 4.72 亿 m³,水面面积 23.75 km²,常年平均水深四十多米。

山美水库是一座集供水、灌溉、防洪和发电等功能为一体的综合性大(Ⅱ)型水利枢纽工程,担负着晋江下游南安市、晋江市、石狮市、惠安县、鲤城区、丰泽区、洛江区、泉港区等 9 个县、市、区的生活和生产用水需求的重任,年供水量约 10 亿 m³。随着周边区域经济的快速发展,山美水库供水已成为晋江下游经济发展的基础保障。

---

① 全书数据因四舍五入存在一定偏差。

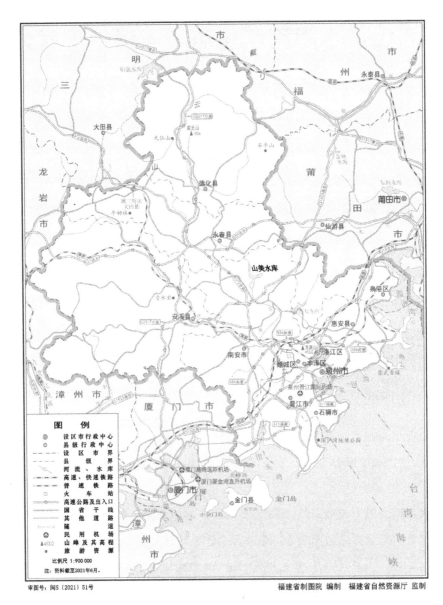

审图号：闽S（2021）51号

福建省制图院 编制　福建省自然资源厅 监制

图 2.1.1　山美水库地理位置图

2.1.3　水文水系

　　山美水库流域主要包括山美水库库区，晋江上游的桃溪、湖洋溪两大支流以及跨流域调水的龙门滩水库。水库来水包括两大部分：本流域集水和外流域调水（龙门滩水库流域）。整个流域概况如图 2.1.2 所示。

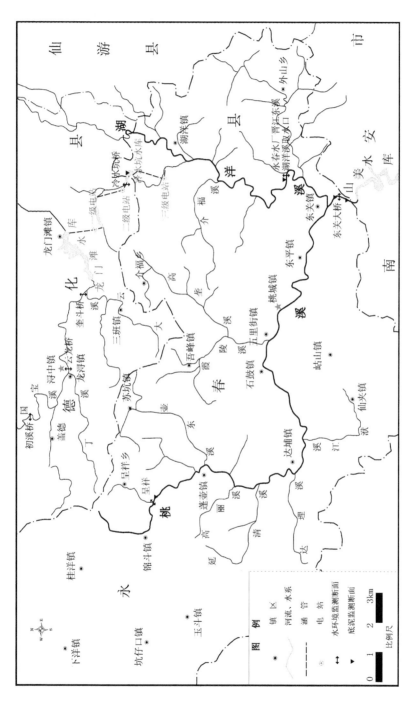

图 2.1.2 山美水库流域概况图(包括龙门滩流域)

① 山美水库流域

山美水库流域集水包括上游河道来水和周围山区降水两部分。上游河道来水主要来自永春县境内的桃溪和湖洋溪,两溪在永春县的东关桥汇合,于南安市九都镇的秋阳附近进入山美水库,流域水系概况如图 2.1.3 所示。

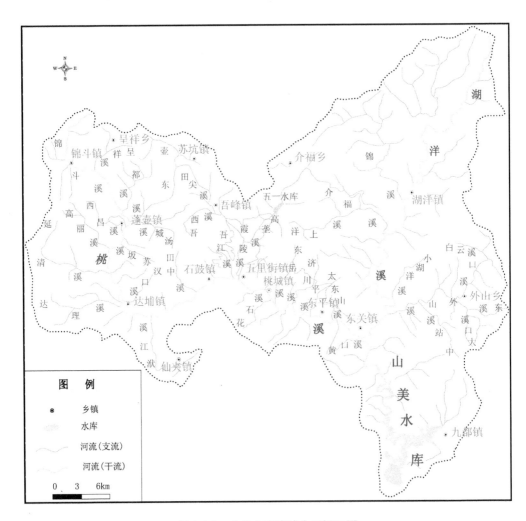

图 2.1.3 山美水库流域水系概况图

桃溪发源于雪山南麓的珍卿尖,全长 61 km,流域面积 476 km²。桃溪为晋江东溪上游,流经永春县呈祥、锦斗等 8 个乡镇,出东关入山美水库。桃溪是永春县的主流,汇集的支流较多,其中比较大的支流有 4 条,即壶东溪、延清溪、达理溪和高垄溪。桃溪流域永春站多年平均流量 12.3 m³/s,折合年径流量 3.88 亿 m³,径流深 979 mm,径流模数 31.1 dm³/(s·km²)。最丰水年平均流量为 21.6 m³/s (1990 年),最枯水年为 8.09 m³/s(1991 年),丰枯比为 2.67 倍,分别为多年平均流量的 1.76 及 0.66 倍。5—10 月水量约占全年水量的 75%,11—4 月占全年水量的 25%。

湖洋溪发源于仙游县西苑乡西部,在德化县双坑过县境入永春县,由北向南流,经湖洋、外山和东关等 3 个乡镇,于东关桥下与桃溪汇合后,入山美水库。湖洋溪全长 44 km,在泉州市境内长 32 km,流域面积 416 km²,河道平均比降 6.5‰,主要支流有锦溪、介福溪、外山溪等。

② 外流域调水

龙门滩引水工程位于德化、永春两县境内,工程跨越闽江及晋江两大水系,在闽江大樟溪上游河段浐溪的龙门峡谷筑坝蓄水,开凿 3 km 长的引水隧洞穿越分水岭,将水引入晋江东溪支流湖洋溪的上游河段锦溪,是一个跨流域北水南调,梯级开发,集引水、发电、灌溉、养殖、旅游为一体,实现水资源优化配置的水利工程。整个引水工程依次为:龙门滩水库、一级水电站;二级水库、二级水电站;三级水库、三级水电站;控制湖洋溪流域面积 304 km² 的内碧水库、四级水电站,梯级水电站的尾水注入山美水库。

龙门滩水库控制浐溪流域面积 360 km²,年径流量 4.4 亿 m³,多年平均流量 14.0 m³/s,跨流域引水获得天然落差 50 m。梯级水电站沿锦溪及湖洋溪 56 km 河段布置,总天然落差 256 m。

浐溪发源于戴云山南麓,流经赤水、国宝、盖德、浔中、三班、龙门滩和水口等乡镇,全长 101 km ,流域面积 985 km²,其中干流(从赤水镇湖岭至水口镇涌口)全长 86 km,区间流域面积 742 km²,河道比降为 6.5‰,多年平均年径流量为 11.72 亿 m³,多年平均流量为 37.2 m³/s。主要支流有大云溪、花桥溪、盖德溪、丁溪、蕉溪、石龙溪、双芹溪和石牛溪等。

大云溪发源于三班镇湖上,流经儒坑、桥内、三班、东山,至奎斗注入浐溪,流域面积 49.2 km²,河道长度 13.79 km,河床坡降平均为 8.39‰。三班镇区以上流域面积 41.3 km²。

龙门滩水库流域水系概况见图 2.1.4。

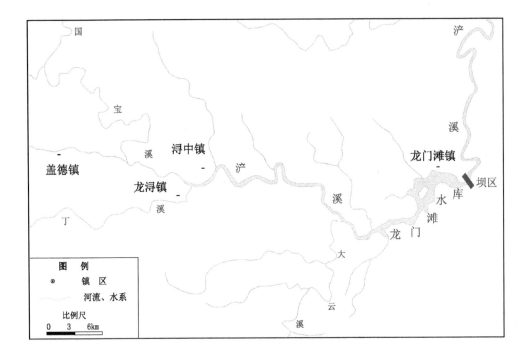

图 2.1.4　龙门滩水库流域水系概况图

2.1.4　气象气候

　　山美水库位于戴云山脉南麓,属亚热带湿润性季风气候区,常年气候温和湿润,阳光充足,全年无霜期 320 d。降雨量相对于沿海丰富,年平均降雨量在 1 400～2 100 mm 之间,全年雨季、旱季分明。年降雨主要集中在每年 4—10 月份,约占全年的 80%,其中尤以 5—8 月降水最为集中,占全年降水量的 51% 左右。流域年平均气温为 17～21℃,以 7、8 月最高,历史上的极端最高气温为 38.4℃(1967 年);1、2 月最低,极端最低气温为零下 2.9℃(1963 年)。水库平均水温 23.2℃(表层),年水温在 15℃ 以上达 341 d,年蒸发量为 17.84 万 m^3。

2.1.5　地质地貌

山美水库流域上游处于闽中断块斜隆起区之中,断块差异活动和掀斜作用都较为明显,整个地势由西北向东南显著倾斜,大致以此东向的南安尾楼、梅山、英都一线为界。西北部为幅度较大的持续上升区,以剥蚀、侵蚀中低山地形为主,河谷涤切,多为"V"型,东南部为断裂差异间歇上升区,以侵蚀丘陵、红土台地和堆积平原为主,河流开阔,第四系发育。流域水源发源于永春县东北部,流域内群山相连,溪涧遍布,山脉属于戴云山南麓的延伸部分,海拔千米以上山峰58座,流域内河流呈枝状水系特点,溪流纵横,水系发达,水流湍急,天然落差大(东关至山美河道比降为2%,山美至洪濑比降为1.30%)。水库四周为高山环绕,库底及周边均由火成岩组成,岩石致密,无漏水之患。岸坡多为流纹岩所形成的高山,覆土不厚,植物生长茂密。

2.1.6　土壤及植被

流域内土壤主要有红壤、黄壤、石灰(岩)土、草甸土、潮土、水稻土6个土类,14个亚类,33个土属,40个土种。其中,红壤为流域主要土壤资源,分布广,面积大,占土地总面积的79.8%。土壤浅薄,山地土壤有机质含量为1.63%～1.99%,耕地土壤有机质含量为0.36%～2.7%,有机质含量低且有下降的趋势,缺磷、缺钾严重,土壤酸性偏大。成土母质多为花岗岩,土壤由于地质构造受外营力的作用,经历长期的侵蚀、搬运流失和堆积作用,其发育的成土母质主要以坡积物为主,冲积物次之。土壤养分贫乏,保水保肥能力差。

流域内植被种类非常丰富,但是由于长期受人为影响,原始植被多遭破坏,现有植被主要有马尾松、灌丛以及荒草坡等次生植被和人工植被。根据调查,流域内植被主要分为3个植被型组、9个植被型、11个植被亚型、18个植被群系、35个主要群丛。已查清维管束植物171科581属1 155种,其中蕨类植物24科33属46种,种子植物147科548属1 109种;裸子植物9科18属26种;被子植物138科530属1 083种。森林植被类型有亚热带常绿阔叶林、季风常绿阔叶林、针叶林、竹林等。其中亚热带常绿阔叶林分布在中亚热带区域海拔200～1 000 m的丘陵山地,种类以壳斗科为主,主要树种有米槠、栲树等,林中杂生少量马尾松、杉木等针叶树;季风常绿阔叶林主要分布在南亚热带区域海拔 100～500 m 的丘陵或谷地,主要由桃金娘科、樟科、番荔枝科等组成,主要树种有厚壳桂、覃树、软夹红豆树等,林内藤本、寄生和附生植物较多;针叶林分布在流域内各地,主要为马尾松林和杉木林,多为人工造林;竹林主要为毛竹、麻竹等。

流域内陆生脊椎动物 55 科 99 属 122 种,其中哺乳动物纲 16 科 26 属 29 种;鸟纲 26 科 55 属 65 种;爬行纲 8 科 12 属 16 种;两栖纲 5 科 6 属 12 种。国家及省级保护动物 43 种。

2.1.7　土地利用状况

山美水库流域(含龙门滩水库流域)土地总面积 1 383 km²,其中耕地 178.12 km²,占土地总面积的 12.88%;园地 172.94 km²,占土地总面积的 12.50%;林地 774.11 km²,占土地总面积的 55.97%;草地 48.85 km²,占土地总面积的 3.53%;交通运输用地 30.66 km²,占土地总面积的 2.2%;水域及水利设施用地 44 km²,占土地总面积的 3.18%;其他土地 44.02 km²,占土地总面积的3.18%;城镇村及工矿用地 90.3 km²,占土地总面积的 6.53%。

2.1.8　社会经济发展状况

(1) 行政区划和人口

山美水库流域主要涉及南安市、永春县和德化县的 23 个乡镇,总人口为 62.6 万人,其中城镇人口为 18.4 万人,农村人口为 44.2 万人,平均人口密度为 453 人/km²。

(2) 社会经济

流域内人均地区生产总值约 3 万元,产业结构以第二产业和第三产业为主,工业以轻工业占主导,主要有食品饮料、陶瓷化工、纸业、建材、煤炭、电力、医药产业。工业区主要分布在发展建设比较靠前的乡镇,如九都、蓬壶、达埔、桃城、石鼓等镇。农业以种植业为主,主要农林产品有水稻、食用菌、毛麻竹、蔬菜、水果、茶、中药材等。

2.2　流域内污染源负荷估算与解析

2.2.1　污染源调查

2.2.1.1　工业污染负荷

　　根据调查,流域内仅有 12 家企业将废水预处理达到接管标准后接管至永春县污水处理厂集中处理,其余企业工业废水自行处理后排放。

　　流域内正常生产的工业企业 24 家,主要涉及造纸及纸制品、化工、纺织服装、农副食品加工、水泥等行业;工业废水年排放总量为 398.10 万 t,COD 排放量为 386.88 t,氨氮排放量为 134.90 t,总氮排放量为 162.90 t,总磷排放量为 6.24 t;其中福建海汇化工有限公司、福建省永春宏益纸业有限公司和福建省永春东园纸业有限公司的废水及污染物排放量较大。

2.2.1.2　畜禽养殖污染负荷

　　(1) 分散畜禽养殖

　　根据国家环境保护总局公布的数据(国家环境保护总局自然生态保护司. 全国规模化畜禽养殖业污染情况调查及防治对策[M].北京:中国环境科学出版社,2000),并结合山美水库流域内养殖情况,取猪的养殖排污系数为:COD 17.9 g/头·d、氨氮 3.2 g/头·d、总氮 5.8 g/头·d、总磷 0.8 g/头·d。畜禽量按照如下关系均换算成猪的量:60 只家禽＝1 头猪,3 只羊＝1 头猪,5 头猪＝1 头牛。

　　(2) 规模化畜禽养殖

　　《湖泊生态安全调查与评估技术指南(试行)》规定的规模养殖为:生猪出栏大于或等于 50 头;奶牛存栏大于或等于 5 头;肉牛出栏大于或等于 10 头;蛋鸡存栏大于或等于 500 羽;肉鸡、鹌鹑、鸽年存栏数大于或等于 2 000 羽。根据《第一次全国污染源普查畜禽养殖业源产排污系数手册》中华东地区畜禽养殖生猪的排污系数进行测算,按照 3 羊＝1 头猪,50 只鸭＝1 头猪,40 只鹅＝1 头猪进行换算。华东地区规模化养殖生猪的排污系数为:COD 34.93 g/头·d、氨氮 3.2 g/头·d、总氮 7.17 g/头·d、总磷 0.47 g/头·d。

根据流域内畜禽养殖调查结果,核算其畜禽养殖场污染物排放量,结果见表 2.2.1。

表 2.2.1　2011 年流域内畜禽养殖污染物排放量

县域	受纳水体	乡镇	污染物排放量(t/a)			
			COD	氨氮	总氮	总磷
永春县	桃溪	桃城镇	405.01	75.57	139.66	19.94
		五里街镇	323.70	60.52	110.63	15.76
		蓬壶镇	316.13	56.52	101.74	14.12
		达埔镇	310.90	56.98	102.54	14.47
		吾峰镇	198.83	35.90	64.89	9.26
		石鼓镇	365.05	64.02	132.76	21.78
		东平镇	309.77	55.98	101.21	14.18
		锦斗镇	97.23	17.38	31.28	4.35
		呈祥乡	53.63	9.59	17.26	2.39
		苏坑镇	138.87	25.65	46.72	6.61
		仙夹镇	117.42	21.00	37.80	5.25
		东关镇	105.42	18.84	33.91	4.71
	湖洋溪	湖洋镇	235.17	42.20	76.72	10.61
		介福乡	45.66	8.16	14.69	2.04
		外山乡	202.24	42.88	79.26	12.34
南安市	山美水库	九都镇	167.18	26.87	47.49	9.81
德化县	浐溪、龙门滩水库	龙浔镇	62.88	11.24	20.37	2.81
		三班镇	56.97	10.19	18.46	2.55
		龙门滩镇	97.33	17.40	31.54	4.35
		浔中镇	63.65	11.38	20.63	2.84
		盖德乡	91.84	16.42	29.76	4.10
		国宝乡	115.02	20.56	37.27	5.14
		赤水镇	153.66	27.47	49.79	6.87
合计			4 033.56	732.72	1 346.38	196.28

2.2.1.3　城镇生活污水污染负荷

流域内目前除永春县城和德化县城各建有 1 座污水处理厂外,其余乡镇的城镇生活污水均未经处理或仅作简单处理就直接排放。

永春县污水处理厂位于永春县城东南侧,桃溪北岸济川村,近期设计规模为 3 万 t/d,远期设计规模为 6 万 t/d。其中一期工程于 2006 年建成并投产运行,工程规模为 1.5 万 t/d,采用 Carrousel-2000 氧化沟工艺,一期扩建工程规模为 1.5 万 t/d,2012 年建成并投产运行,采用改良型卡式氧化沟工艺。污水处理厂采用 BOT 模式投资、运营管理。尾水达到《城镇污水处理厂污染物排放标准》 (GB 18918—2002)中一级 B 标准后排入桃溪。规划服务范围为石鼓镇、五里街镇、桃城镇、东平镇,但是由于管网建设滞后问题,目前实际服务范围仅为桃城镇和五里街镇。

德化县污水处理厂工程规划总规模 6 万 t/d,分三期建设,其中:一期 2 万 t/d,二期 2 万 t/d,三期 2 万 t/d。一期工程于 2010 年 4 月 15 日竣工并投入运行。二期工程于 2011 年开始实施,目前已投入运行,全厂污水处理总规模达到 4 万 t/d。尾水达到《城镇污水处理厂污染物排放标准》(GB 18918—2002)中一级 B 标准后排放。

参考《全国水环境容量核定技术指南》中人均产污系数的推荐值并结合流域内城镇的特点,确定流域内城镇人均综合用水量为 200 L/人·d,污水排放系数为 0.85,人均产污系数为 COD 60 g/人·d,氨氮 5 g/人·d,总氮 9 g/人·d,总磷 1.2 g/人·d。根据流域内城镇人口,计算流域城镇生活污水排放量为 1 139.34 万 t/a,COD、氨氮、总氮和总磷的排放量分别为 4 021.08 t/a、335.09 t/a、603.20 t/a 和 80.42 t/a,见表 2.2.2。

表 2.2.2 2011 年流域内城镇生活污水及其污染物排放量

县域	乡镇	城镇生活污水 (万 t/a)	污染物排放量(t/a)			
			COD	氨氮	总氮	总磷
永春县	桃城镇	325.17	1 147.65	95.64	172.15	22.95
	五里街镇	125.48	442.86	36.91	66.44	8.86
	蓬壶镇	42.55	150.17	12.51	22.52	3.00
	达埔镇	35.12	123.95	10.33	18.59	2.48
	吾峰镇	19.17	67.65	5.64	10.15	1.35
	石鼓镇	86.94	306.84	25.57	46.03	6.14

续表

县域	乡镇	城镇生活污水（万 t/a）	污染物排放量（t/a）			
			COD	氨氮	总氮	总磷
永春县	东平镇	18.91	66.75	5.56	10.01	1.34
	锦斗镇	37.47	132.23	11.02	19.84	2.64
	苏坑镇	26.85	94.76	7.90	14.22	1.90
	仙夹镇	21.89	77.24	6.44	11.59	1.54
	东关镇	21.79	76.91	6.41	11.54	1.54
	湖洋镇	27.91	98.51	8.21	14.78	1.97
南安市	九都镇	9.35	33.00	2.75	4.95	0.66
德化县	龙浔镇	209.47	739.30	61.61	110.90	14.79
	三班镇	25.96	91.61	7.63	13.74	1.83
	龙门滩镇	7.50	26.46	2.20	3.97	0.53
	浔中镇	94.09	332.07	27.67	49.81	6.64
	赤水镇	3.72	13.12	1.09	1.97	0.26
合计		1 139.34	4 021.08	335.09	603.20	80.42

2.2.1.4 农村生活污水污染负荷

参考《全国水环境容量核定技术指南》中人均产污系数的推荐值并结合流域内农村的特点，确定流域内农村人均综合用水量为 120 L/人·d，污水排放系数为 0.60，人均产污系数为 COD 16.4 g/人·d，氨氮 4 g/人·d，总氮 5 g/人·d，总磷 0.44 g/人·d。根据流域内农村常住人口，核算流域农村生活污水排放量为 909.30 万 t/a，COD、氨氮、总氮和总磷的排放量分别为 2 080.14 t/a、507.35 t/a、634.21 t/a 和 55.81 t/a，见表 2.2.3。

表 2.2.3　2011 年流域内农村生活污水排放量

县域	乡镇	污水量（万 t/a）	污染物排放量（t/a）			
			COD	氨氮	总氮	总磷
永春县	桃城镇	25.64	58.40	14.24	17.80	1.57
	五里街镇	23.47	53.46	13.04	16.30	1.43
	蓬壶镇	119.76	272.79	66.53	83.16	7.32
	达埔镇	108.08	246.17	60.04	75.05	6.60

续表

县域	乡镇	污水量（万 t/a）	污染物排放量（t/a）			
			COD	氨氮	总氮	总磷
永春县	吾峰镇	36.12	82.28	20.07	25.09	2.21
	石鼓镇	42.72	97.31	23.73	29.66	2.61
	东平镇	31.63	72.04	17.57	21.96	1.93
	锦斗镇	20.76	47.29	11.53	14.41	1.27
	呈祥乡	18.40	41.90	10.22	12.78	1.12
	苏坑镇	25.59	58.29	14.22	17.78	1.56
	仙夹镇	23.50	53.53	13.06	16.33	1.44
	东关镇	20.88	47.56	11.60	14.50	1.28
	湖洋镇	76.88	175.11	42.71	53.39	4.70
	介福乡	14.72	33.52	8.18	10.23	0.90
	外山乡	8.98	20.45	4.99	6.24	0.55
南安市	九都镇	28.51	64.93	15.84	19.80	1.74
德化县	龙浔镇	51.88	119.82	29.22	36.53	3.21
	三班镇	43.34	100.09	24.41	30.52	2.69
	龙门滩镇	36.25	83.73	20.42	25.53	2.25
	浔中镇	47.04	108.63	26.50	33.12	2.91
	盖德乡	54.10	124.93	30.47	38.09	3.35
	国宝乡	8.17	18.87	4.60	5.75	0.51
	赤水镇	42.88	99.04	24.16	30.19	2.66
合计		909.30	2 080.14	507.35	634.21	55.81

2.2.1.5　种植业污染负荷

种植业污染主要是指农田中剩余的化肥和农药经径流进入水体,使水环境中氮、磷等营养盐负荷增加,而使水体遭受污染。种植业污染主要根据标准农田及其修正系数进行估算。

（1）源强系数及修正标准

标准农田指的是平原、种植作物为小麦、土壤类型为壤土、化肥施用量为 25～35 kg/(亩·年),降水量在 400～800 mm 范围内的农田。标准农田源强系数为 COD 10 kg/(亩·年),氨氮 2 kg/(亩·年),总氮 3 kg/(亩·年),总磷 0.25 kg/(亩·年)。若用于其他源强估算,其源强系数需要进行修正:

① 坡度修正

土地坡度在 25°以下,流失系数为 1.0~1.2;25°以上,流失系数为 1.2~1.5。山美水库流域农田的土地坡度基本在 25°以下,其中不同的种植类型的土地坡度稍有差别,水田和园地的流失系数选取 1.0,旱地的流失系数选取 1.1。

② 农田类型修正

农田类型分旱地、水田、其他 3 种情况给出修正系数。旱地的修正系数取 1.0,水田的修正系数取 1.5,其他类型修正系数取 0.7。

山美水库流域内的主要作物为稻谷、甘薯、蔬菜,水田主要种植稻谷等。

③ 土壤类型修正

将农田土壤按质地进行分类,即根据土壤成分中的黏土和砂土比例进行分类,分为砂土、壤土和黏土。壤土修正系数为 1.0;砂土修正系数为 1.0~0.8;黏土修正系数为 0.8~0.6。

山美水库流域土壤类型主要是壤土,土壤类型修正系数选取 1.0。

④ 化肥施用量修正

化肥亩施用量在 25 kg 以下,修正系数为 0.8~1.0;在 25~35 kg 之间,修正系数为 1.0~1.2;在 35 kg 以上,修正系数为 1.2~1.5。

永春县的农用化肥施用量为 17 282 t,农作物种植面积 575 306 亩,化肥亩施用量为 30.04 kg;德化县的农用化肥施用量为 13 035 t,农作物种植面积 379 718 亩,化肥亩施用量为 34.33 kg;南安市农用化肥施用量 15 973 t,农作物种植总面积 801 070 亩,化肥亩施用量为 19.94 kg。山美水库流域内的农作物平均化肥亩施用量在 28.10 kg,化肥施用量修正系数取 0.9。

⑤ 降水量修正

年降雨量在 400 mm 以下的地区取流失系数为 0.6~1.0;年降雨量在 400~800 mm 之间的地区取流失系数为 1.0~1.2;年降雨量在 800 mm 以上的地区取流失系数为 1.2~1.5。

永春县的年降雨量为 2 465 mm,德化县的年降雨量为 2 336 mm,南安市年降水量为 1 589 mm,根据年降雨量在 800 mm 以上的地区取流失系数为 1.2~1.5,综合考虑山美水库流域内的水土流失情况,选取降水量修正系数为 1.2。

（2）污染物估算

山美水库流域土壤类型主要是壤土，主要作物为稻谷、甘薯、蔬菜等，根据《全国水环境容量核定技术指南》中相应的修正系数进行修正，对流域内农田径流污染物排放量进行估算，结果见表 2.2.4。

表 2.2.4　2011 年流域内农田径流污染物排放量统计表

乡镇	种植面积（亩）					污染物排放量（t/a）			
	水田	旱地	茶叶	果林	其他	COD	氨氮	总氮	总磷
桃城镇	23 374	22 535	2 555	19 069	0	286.62	57.32	97.44	11.46
五里街镇	8 737	15 686	1 874	8 094	400	131.38	26.28	44.68	5.26
蓬壶镇	33 781	40 868	6 015	13 390	664	366.37	73.27	124.56	14.65
达埔镇	38 099	41 308	5 175	10 020	0	371.88	74.38	126.45	14.88
吾峰镇	10 038	9 631	2 982	8 549	0	126.17	25.23	42.89	5.05
石鼓镇	18 828	29 805	3 563	12 430	148	244.95	48.99	83.28	9.80
东平镇	9 161	11 511	329	8 229	425	123.77	24.75	42.08	4.95
锦斗镇	9 829	14 411	3 579	3 676	25	111.96	22.39	38.06	4.48
呈祥乡	3 999	11 083	1 640	584	422	55.03	11.01	18.72	2.20
苏坑镇	9 591	15 850	5 964	1 977	0	106.96	21.39	36.36	4.28
仙夹镇	7 271	7 540	3 707	7 598	0	100.95	20.19	34.32	4.04
东关镇	7 085	9 768	3 707	7 285	0	103.48	20.70	35.19	4.14
湖洋镇	23 905	29 905	10 825	28 546	497	363.07	72.61	123.44	14.52
介福乡	8 400	9 877	1 541	3 723	497	93.90	18.78	31.93	3.76
外山乡	3 147	10 220	1 840	6 682	99	77.72	15.54	26.42	3.11
九都镇	3 042	3 022	89	6 979	0	60.12	12.02	20.43	2.40
龙浔镇	5 596	10 987	2 620	1 400	1 500	104.27	20.85	35.45	4.80
三班镇	6 935	13 856	780	580	480	115.08	23.02	39.13	5.29
龙门滩镇	9 888	12 717	3 180	3 180	2 701	149.28	29.86	50.76	6.87
浔中镇	8 815	9 353	597	597	900	105.18	21.04	35.76	4.84
盖德乡	7 527	16 733	898	870	550	134.20	26.84	45.63	6.17
国宝乡	7 242	7 580	1 600	1 400	0	86.90	17.38	29.55	4.00
赤水镇	6 635	18 042	1 590	1 159	230	86.38	17.28	29.37	3.97
合计	270 925	372 288	66 650	156 017	9 538	3 505.62	701.12	1 191.90	144.92

2.2.1.6 农村生活垃圾污染负荷

山美水库流域内各城镇经济尚不发达,城镇化水平较低,城乡环境基础设施不够完善,城乡生活垃圾收集处理设施简陋。除永春县城、德化县城具有比较完善的垃圾收运处理系统和规范的生活垃圾卫生填埋场外,其他乡镇仅对乡镇区垃圾收集点进行清运。桃溪沿岸部分村庄虽在近年建设了部分垃圾房,但是清运不及时,后续处理不规范,大部分垃圾露天堆放,部分生活垃圾沿桃溪两岸乱堆乱放,垃圾中大量有毒有害物质经雨水冲刷、河水浸泡、洪水席卷直接进入水体。

根据农村生活垃圾面源污染贡献值研究成果,农村人均每天产生生活垃圾约为 0.31 kg,每吨积存生活垃圾的 COD、氨氮、总氮和总磷释放负荷分别为 55 kg、8.1 kg、14 kg 和 2.8 kg。根据流域内农村常住人口,计算流域内农村生活垃圾污染物的排放量,结果见表 2.2.5。

表 2.2.5　2011 年流域内农村生活垃圾污染物排放量统计表

县域	乡镇	生活垃圾(t/a)	污染物排放量(t/a)			
			COD	氨氮	总氮	总磷
永春县	桃城镇	1 103.89	60.71	8.94	15.45	3.09
	五里街镇	1 010.54	55.58	8.19	14.15	2.83
	蓬壶镇	5 156.36	283.60	41.77	72.20	14.44
	达埔镇	4 653.29	255.93	37.69	65.15	13.03
	吾峰镇	1 555.36	85.54	12.60	21.80	4.36
	石鼓镇	1 839.37	101.17	14.90	25.75	5.15
	东平镇	1 361.65	74.89	11.03	19.05	3.81
	锦斗镇	893.89	49.16	7.24	12.51	2.50
	呈祥乡	792.05	43.56	6.42	11.11	2.22
	苏坑镇	1 101.74	60.60	8.92	15.40	3.08
	仙夹镇	1 011.90	55.65	8.20	14.15	2.83
	东关镇	898.98	49.44	7.28	12.60	2.52
	湖洋镇	3 309.98	182.05	26.81	46.35	9.27
	介福乡	633.64	34.85	5.13	8.85	1.77
	外山乡	386.52	21.26	3.13	5.42	1.08
南安市	九都镇	1 227.34	67.50	9.94	17.20	3.44

续表

县域	乡镇	生活垃圾 (t/a)	污染物排放量(t/a)			
			COD	氨氮	总氮	总磷
德化县	龙浔镇	2 264.92	124.57	18.35	31.71	6.34
	三班镇	1 891.98	104.06	15.33	26.49	5.30
	龙门滩镇	1 582.63	87.04	12.82	22.16	4.43
	浔中镇	2 053.45	112.94	16.63	28.75	5.75
	盖德乡	2 361.55	129.89	19.13	33.06	6.61
	国宝乡	356.76	19.62	2.89	4.99	1.00
	赤水镇	1 872.07	102.96	15.16	26.21	5.24
合计		39 319.86	2 162.57	318.50	550.51	110.09

2.2.1.7 城镇径流污染负荷

城镇地表径流中的污染物主要来自降雨径流对城镇地表的冲刷。根据多场降雨的径流污染物平均浓度和年径流量计算城镇径流年污染负荷,方法如下:

$$L = R \times C \times A \times 10^{-3} \tag{2.2.1}$$

式中:L 为年污染负荷量(t);R 为年雨水径流量(mm),为年降雨量和径流系数的乘积;C 为径流污染物平均浓度(mg/L);A 为集水区面积(km²)。

根据《全国水资源综合规划地表水水质评价及污染物排放量调查估算工作补充技术细则》中关于地表污染物浓度的推荐值,结合已有的研究成果和流域内城镇的特点,确定城镇径流雨水中主要污染物浓度为 COD 280 mg/L、氨氮 3.5 mg/L、总氮 36 mg/L、总磷 1.7 mg/L。

径流系数变化于 0~1 之间,湿润地区径流系数值大,干旱地区径流系数值小。根据《室外排水设计规范》(GB 50014—2006)中 3.2.2 规定,给排水设计中雨水设计径流系数取值一般为城市建筑密集区 0.60~0.85,城市建筑较密集区0.45~0.6,城市建筑稀疏区 0.20~0.45。山美水库流域多山多雨,流域内城镇地表径流系数大致选取为 0.6。

根据各城镇建成区面积及其污染物排放情况进行计算,结果见表 2.2.6。

表 2.2.6　2011 年流域内城镇径流污染物排放量统计表

县域	乡镇	城镇建成区面积(km²)	年初期雨水径流量(万 t/a)	污染物排放量(t/a)			
				COD	氨氮	总氮	总磷
永春县	桃城镇	8.5	178.50	499.80	6.25	64.26	3.03
	五里街镇	4	84.00	235.20	2.94	30.24	1.43
	蓬壶镇	1.2	25.20	70.56	0.88	9.07	0.43
	达埔镇	0.9	18.90	52.92	0.66	6.80	0.32
	吾峰镇	0.5	10.50	29.40	0.37	3.78	0.18
	石鼓镇	2	42.00	117.60	1.47	15.12	0.71
	东平镇	0.5	10.50	29.40	0.37	3.78	0.18
	锦斗镇	1	21.00	58.80	0.74	7.56	0.36
	苏坑镇	0.8	16.80	47.04	0.59	6.05	0.29
	仙夹镇	0.6	12.60	35.28	0.44	4.54	0.21
	东关镇	0.6	12.60	35.28	0.44	4.54	0.21
	湖洋镇	0.8	16.80	47.04	0.59	6.05	0.29
南安市	九都镇	0.3	6.30	17.64	0.22	2.27	0.11
德化县	龙浔镇	4.5	94.50	264.60	3.31	34.02	1.61
	三班镇	2	42.00	117.60	1.47	15.12	0.71
	龙门滩镇	1.4	29.40	82.32	1.03	10.58	0.50
	浔中镇	2.5	52.50	147.00	1.84	18.90	0.89
	盖德乡	0.6	12.60	35.28	0.44	4.54	0.21
	国宝乡	0.7	14.70	41.16	0.51	5.29	0.25
	赤水镇	1.1	23.10	64.68	0.81	8.32	0.39
合计		34.5	724.50	2 028.60	25.37	260.83	12.31

2.2.1.8　水库内源污染负荷

（1）底泥污染物含量

通过现场调查和室内分析,山美水库底泥中总氮和总磷含量范围分别为 1 232~2 296 mg/kg 和 892~2 016 mg/kg。又由于山美水库始建于 1958 年,于 1972 年正式运行,到目前共运行 40 多年,按多年入库平均输沙量 57.5 万 t/a 进行计算,山美水库沉积物总量为 57.5 万 t/a×40 a＝2 300 万 t,若沉积物泥沙质量比按 6∶4 进行计算(依据对水库底泥的分析结果),沉积物中泥的质量为 1 380 万 t。再分别按底泥总氮和总磷的平均值 1 600 mg/kg 和 1 200 mg/kg 进行计算,沉积物中总氮和总磷总含量分别为 2.208 万 t、1.656 万 t。

(2) 沉积物污染物释放风险

研究表明,沉积物是水体污染物的源与汇,当沉积物中总氮和总磷含量较高时,会向水体中进行释放,成为水体污染的重要来源。本研究在室内对山美水库沉积物中的氨氮在自然和厌氧条件下进行释放模拟研究,模拟用沉积物主要理化性质见表 2.2.7。

表 2.2.7　模拟用沉积物主要理化性质

指标	pH	总氮(mg/kg)	总磷(mg/kg)	有机质(mg/g)
沉积物	6.85	1 848	1 229	17.49

具体试验方法及结果如下:

① 自然条件下实验装置与方法

10 L 广口玻璃瓶(DN 200),上覆水体积为 6 L(深度为 19.1 cm),沉积物厚度为 4.5 cm;玻璃瓶口敞开,模拟自然条件下不控制上覆水体中溶解氧浓度;每组两个平行实验装置,取样后再补充同体积的原水。

② 厌氧条件下实验装置与方法

10 L 广口玻璃瓶(DN 200),沉积物厚度为 4.5 cm;先将上覆水灌入另一玻璃瓶,体积约为 10 L,在上覆水体中充入高纯氮气使其为厌氧环境,再沿试验玻璃瓶壁缓慢将上覆水注满玻璃瓶,玻璃瓶口用塑料塞密封(水封),从而控制上覆水体处于厌氧环境;每组两个平行实验装置,取样后再补充同体积的厌氧环境原水。

③ 模拟结果

如图 2.2.1 所示,1.4 L(1.68 g)总氮含量为 1 848 mg/kg 的山美水库沉积物,在自然条件下,第 4 天氨氮释放量达到最大值 8.83 mg;厌氧条件下,第 28 天氨氮释放量达到最大值 46.71 mg。

由此可知,沉积物为山美水库水体的次生污染源,在条件发生变化时,沉积物与水体中的氮平衡被打破,沉积物中的氮可能出现解析,将对水库水体产生影响,具有一定的潜在风险。

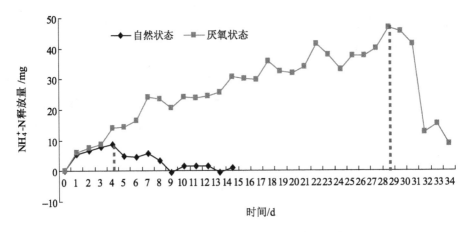

图 2.2.1 山美水库沉积物氨氮释放动力学

2.2.2 污染负荷评价

2.2.2.1 污染物排放量核算

由于永春县桃城镇和五里街镇的生活污水和 12 家工业企业的废水经永春污水处理厂处理后,达到一级 B 标准排放,实际处理规模 1.5 万 t/d,同时德化县的龙浔镇和浔中镇生活污水也经德化污水处理厂处理,尾水达到一级 B 标准后排放。因此,永春县桃城镇与五里街镇的生活污水和 12 家工业企业废水、德化县龙浔镇和浔中镇的生活污水污染物排放量按污水处理厂处理后进行核算和评价。此外,据调查表明,流域内工业废水大部分为企业自行处理后直接排放。

2011 年流域内主要污染物排放量见表 2.2.8。

表 2.2.8 2011 年流域内主要污染物排放量　　　　　　单位:t/a

	COD	氨氮	总氮	总磷
畜禽养殖	4 033.56	732.72	1 346.38	196.28
城镇生活污水	1 811.72	173.60	354.74	36.97
农村生活污水	2 080.14	507.35	634.21	55.81
农田径流	3 505.62	701.12	1 191.90	144.92
农村生活垃圾	2 162.57	318.50	550.51	110.09
城镇径流	2 028.60	25.37	260.83	12.31
工业废水	386.92	134.86	162.88	6.31
合计	16 009.13	2 593.52	4 501.45	562.69

2.2.2.2 污染物入河量核算及评价

（1）入河量计算公式

各类污染源入河量计算公式如下：

$$W_{工业} = (W_{排放量} - \theta) \times \beta \tag{2.2.2}$$

式中：$W_{排放量}$ 为工业污染物排放量；β 为工业污染物入河系数；θ 为被污水处理厂处理掉的量。

$$W_{城镇生活} = (W_{排放量} - \theta) \times \beta \tag{2.2.3}$$

式中：$W_{排放量}$ 为城镇生活污染物排放量；β 为城镇生活污染物入河系数；θ 为被污水处理厂处理掉的量。

$$W_{农村生活} = W_{排放量} \times \beta \tag{2.2.4}$$

式中：$W_{排放量}$ 为农村生活污染物排放量；β 为农村生活污染物入河系数。

$$W_{农田} = W_{排放量} \times \beta \times \gamma \tag{2.2.5}$$

式中：$W_{排放量}$ 为农田污染物排放量；β 为农田污染物入河系数；γ 为修正系数。

$$W_{畜禽} = W_{排放量} \times \beta \tag{2.2.6}$$

式中：$W_{排放量}$ 为畜禽养殖污染物排放量；β 为畜禽养殖污染物入河系数。

根据调研分析，并结合山美水库流域的实际状况，确定各类污染源入河系数，见表 2.2.9，其中桃城镇与五里街镇城镇生活污水均送永春污水处理厂处理，德化县龙浔镇和浔中镇的生活污水送德化污水处理厂处理，城镇生活污水入河系数为 1。

表 2.2.9　流域内各类污染源入河系数表

农村生活			城镇生活污水、径流和工业废水			农田径流			畜禽养殖		
COD	氨氮	总磷	COD	氨氮	总磷	COD	氨氮	总磷	COD	氨氮	总磷
0.1~0.2	0.1~0.2	0.1~0.2	0.8~1.0	0.8~1.0	0.8~1.0	0.1~0.3	0.1~0.3	0.1~0.3	0.2~0.4	0.2~0.4	0.2~0.4

（2）入河量及其评价

通过污染物的排放量及其入河系数对污染物入河量进行计算,2011 年流域内 COD 的入河量为 6 384.70 t(见表 2.2.10),各种污染源所占比例如图 2.2.2 所示。其中 COD 入河量最大的污染源为城镇径流(1 825.74 t),占 28.60%,其余依次为城镇生活污水(1 657.61 t)、畜禽养殖(1 210.08 t)、农田径流(701.12 t)、工业废水(353.71 t)、农村生活垃圾(324.40 t),分别占 25.96%、18.95%、10.98%、5.54% 和 5.08%;农村生活污水入河量最小,为 312.04 t,占 4.89%。从区域污染来源分析,桃城镇入河量最高,达 895.31 t,主要污染源是城镇径流;其次为石鼓镇,达 743.20 t,主要污染源是城镇生活污水和工业废水。从水体接纳 COD 上分析,桃溪为主要受纳水体,接纳了流域内 COD 入河量的 67.3%。

表 2.2.10　2011 年流域内各乡镇 COD 入河量　　　　　单位:t/a

乡镇	畜禽养殖	城镇生活污水	农村生活污水	农田径流	农村生活垃圾	城镇径流	工业废水	合计	受纳水体(比例)
桃城镇	121.50	195.10	8.76	57.32	9.11	449.82	53.70	895.31	
五里街镇	97.11	75.29	8.02	26.28	8.34	211.68	1.05	427.77	
蓬壶镇	94.84	135.15	40.92	73.27	42.54	63.50	3.95	454.17	
达埔镇	93.27	111.56	36.93	74.38	38.39	47.63	111.82	513.98	
吾峰镇	59.65	60.89	12.34	25.23	12.83	26.46	0.00	197.40	
石鼓镇	109.52	276.16	14.60	48.99	15.18	105.84	172.91	743.20	桃溪(67.3%)
东平镇	92.93	60.08	10.81	24.75	11.23	26.46	8.79	235.05	
锦斗镇	29.17	119.01	7.09	22.39	7.37	52.92	0.00	237.95	
呈祥乡	16.09	0.00	6.29	11.01	6.53	0.00	0.00	39.92	
苏坑镇	41.66	85.28	8.74	21.39	9.09	42.34	0.00	208.50	
仙夹镇	35.23	69.52	8.03	20.19	8.35	31.75	0.00	173.07	
东关镇	31.63	69.22	7.13	20.70	7.42	31.75	0.00	167.85	
湖洋镇	70.55	88.66	26.27	72.61	27.31	42.34	0.00	327.74	
介福乡	13.70	0.00	5.03	18.78	5.23	0.00	1.49	44.23	湖洋溪(7.1%)
外山乡	60.67	0.00	3.07	15.54	3.19	0.00	0.00	82.47	

续表

乡镇	畜禽养殖	城镇生活污水	农村生活污水	农田径流	农村生活垃圾	城镇径流	工业废水	合计	受纳水体(比例)
九都镇	50.15	29.70	9.74	12.02	10.13	15.88	0.00	127.62	山美水库(2.0%)
龙浔镇	18.86	113.11	17.97	20.85	18.69	238.14	0.00	427.62	
三班镇	17.09	82.45	15.01	23.02	15.61	105.84	0.00	259.02	
龙门滩镇	29.20	23.81	12.56	29.86	13.06	74.09	0.00	182.58	浐溪、龙门滩水库(23.6%)
浔中镇	19.10	50.81	16.30	21.04	16.94	132.30	0.00	256.49	
盖德乡	27.55	0.00	18.74	26.84	19.48	31.75	0.00	124.36	
国宝乡	34.51	0.00	2.83	17.38	2.94	37.04	0.00	94.70	
赤水镇	46.10	11.81	14.86	17.28	15.44	58.21	0.00	163.70	
合计	1 210.08	1 657.61	312.04	701.12	324.4	1 825.74	353.71	6 384.70	100%

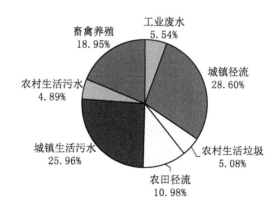

图 2.2.2　2011 年流域内各类污染源 COD 入河量比例图

2011 年流域内氨氮的入河量为 788.36 t(见表 2.2.11),各种污染源所占比例如图2.2.3所示。其中入河量最大的污染源为畜禽养殖(219.81 t),占27.88%;其余依次为城镇生活污水(159.85 t)、农田径流(140.24 t)、工业废水(121.75 t)、农村生活污水(76.11 t)和农村生活垃圾(47.76 t),分别占20.28%、17.79%、15.44%、9.65%和6.06%;城镇径流入河量最小,为22.84 t,占2.90%。从区域污染来源分析,石鼓镇入河量最高,为171.14 t,主要污染源是工业废水。从水体接纳氨氮上分析,桃溪为主要受纳水体,接纳了流域内氨氮入河量的70.5%。

表 2.2.11　2011 年流域内各乡镇氨氮入河量　　　　　　单位:t/a

乡镇	畜禽养殖	城镇生活污水	农村生活污水	农田径流	农村生活垃圾	城镇径流	工业废水	合计	受纳水体(比例)
桃城镇	22.67	26.01	2.14	11.46	1.34	5.63	3.73	72.98	桃溪(70.5%)
五里街镇	18.16	10.04	1.96	5.26	1.23	2.65	0.00	39.30	
蓬壶镇	16.96	11.26	9.98	14.65	6.27	0.79	0.28	60.19	
达埔镇	17.09	9.30	9.01	14.88	5.65	0.59	5.30	61.82	
吾峰镇	10.77	5.08	3.01	5.05	1.89	0.33	0.00	26.13	
石鼓镇	19.21	23.01	3.56	9.80	2.24	1.32	112.00	171.14	
东平镇	16.79	5.00	2.64	4.95	1.65	0.33	0.34	31.70	
锦斗镇	5.21	9.92	1.73	4.48	1.09	0.67	0.00	23.10	
呈祥乡	2.88	0.00	1.53	2.20	0.96	0.00	0.00	7.57	
苏坑镇	7.69	7.11	2.13	4.28	1.34	0.53	0.00	23.08	
仙夹镇	6.30	5.80	1.96	4.04	1.23	0.40	0.00	19.73	
东关镇	5.65	5.77	1.74	4.14	1.09	0.40	0.00	18.79	
湖洋镇	12.66	7.39	6.41	14.52	4.02	0.53	0.00	45.53	湖洋溪(9.0%)
介福乡	2.45	0.00	1.23	3.76	0.77	0.00	0.10	8.31	
外山乡	12.86	0.00	0.75	3.11	0.47	0.00	0.00	17.19	
九都镇	8.06	2.48	2.38	2.40	1.49	0.20	0.00	17.01	山美水库(2.2%)
龙浔镇	3.37	15.08	4.38	4.17	2.75	2.98	0.00	32.73	浐溪、龙门滩水库(18.4%)
三班镇	3.06	6.87	3.66	4.60	2.30	1.32	0.00	21.81	
龙门滩镇	5.22	1.98	3.06	5.97	1.92	0.93	0.00	19.08	
浔中镇	3.41	6.77	3.97	4.21	2.49	1.65	0.00	22.50	
盖德乡	4.93	0.00	4.57	5.37	2.87	0.40	0.00	18.14	
国宝乡	6.17	0.00	0.69	3.48	0.43	0.46	0.00	11.23	
赤水镇	8.24	0.98	3.62	3.46	2.27	0.73	0.00	19.30	
合计	219.81	159.85	76.11	140.24	47.76	22.84	121.75	788.36	100%

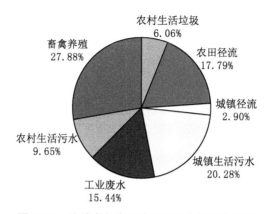

图 2.2.3 流域内各类污染源氨氮入河量比例图

2011 年流域内总氮的入河量为 1 530.19 t(见表 2.2.12),各种污染源所占比例如图 2.2.4 所示。其中入河量最大的污染源为畜禽养殖(403.92 t),占26.40%;其余依次为城镇生活污水(328.30 t)、农田径流(238.39 t)、城镇径流(234.75 t)、工业废水(147.12t)、农村生活污水(95.14 t),分别占 21.45%、15.58%、15.34%、9.61%和6.22%;农村生活垃圾入河量最小,为 82.57 t,占5.40%。从区域污染来源分析,石鼓镇入河量最高,为 254.25 t,主要污染源是工业废水。从水体接纳总氮上分析,桃溪为主要受纳水体,接纳了流域内总氮入河量的 68.2%。

表 2.2.12 2011 年流域内各乡镇总氮入河量   单位:t/a

乡镇	畜禽养殖	城镇生活污水	农村生活污水	农田径流	农村生活垃圾	城镇径流	工业废水	合计	受纳水体(比例)
桃城镇	41.90	65.03	2.67	19.49	2.32	57.83	5.17	194.41	
五里街镇	33.19	25.10	2.45	8.94	2.12	27.22	0.00	99.02	
蓬壶镇	30.52	20.27	12.47	24.91	10.83	8.16	0.50	107.66	
达埔镇	30.76	16.73	11.26	25.29	9.77	6.12	6.53	106.46	
吾峰镇	19.47	9.14	3.76	8.58	3.27	3.40	0.00	47.62	桃溪(68.2%)
石鼓镇	39.83	41.43	4.45	16.66	3.86	13.61	134.41	254.25	
东平镇	30.36	9.01	3.29	8.42	2.86	3.40	0.39	57.73	
锦斗镇	9.38	17.86	2.16	7.61	1.88	6.80	0.00	45.69	
呈祥乡	5.18	0.00	1.92	3.74	1.67	0.00	0.00	12.51	

续表

乡镇	畜禽养殖	城镇生活污水	农村生活污水	农田径流	农村生活垃圾	城镇径流	工业废水	合计	受纳水体(比例)
苏坑镇	14.01	12.80	2.67	7.27	2.31	5.45	0.00	44.51	桃溪 (68.2%)
仙夹镇	11.34	10.43	2.45	6.86	2.12	4.09	0.00	37.29	
东关镇	10.17	10.39	2.18	7.04	1.89	4.09	0.00	35.76	
湖洋镇	23.02	13.30	8.01	24.69	6.95	5.45	0.00	81.42	湖洋溪 (8.2%)
介福乡	4.41	0.00	1.53	6.39	1.33	0.00	0.12	13.78	
外山乡	23.78	0.00	0.94	5.28	0.81	0.00	0.00	30.81	
九都镇	14.25	4.46	2.97	4.09	2.58	2.04	0.00	30.39	山美水库 (2.0%)
龙浔镇	6.11	37.70	5.48	7.09	4.76	30.62	0.00	91.76	浐溪、龙门滩水库 (21.6%)
三班镇	5.54	12.37	4.58	7.83	3.97	13.61	0.00	47.90	
龙门滩镇	9.46	3.57	3.83	10.15	3.32	9.53	0.00	39.86	
浔中镇	6.19	16.94	4.97	7.15	4.31	17.01	0.00	56.57	
盖德乡	8.93	0.00	5.71	9.13	4.96	4.08	0.00	32.81	
国宝乡	11.18	0.00	0.86	5.91	0.75	4.76	0.00	23.46	
赤水镇	14.94	1.77	4.53	5.87	3.93	7.48	0.00	38.52	
合计	403.92	328.30	95.14	238.39	82.57	234.75	147.12	1 530.19	100%

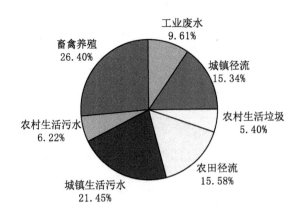

图 2.2.4 2011 年流域内各类污染源总氮入河量比例图

2011 年流域内总磷的入河量为 163.66 t(见表 2.2.13),各种污染源所占比例如图 2.2.5 所示。其中入河量最大的污染源为畜禽养殖(58.87 t)占 35.97%;其余依次为城镇生活污水(33.99 t)、农田径流(28.98 t)、农村生活垃圾(16.49 t)、城镇径流(11.08 t)和农村生活污水(8.38 t),分别占 20.77%、17.71%、10.08%、6.77% 和 5.12%;工业废水(5.87 t)入河量最小,占 3.59%。从区域污染来源分析,桃城镇和石鼓镇入河量较高,分别为 18.55 t、16.42 t,主要污染源都来自畜禽养殖。从水体接纳总磷上分析,桃溪为主要受纳水体,接纳了流域内总磷入河量的 66.8%。

表 2.2.13　2011 年流域内各乡镇总磷入河量　　　　　　　　单位:t/a

乡镇	畜禽养殖	城镇生活污水	农村生活污水	农田径流	农村生活垃圾	城镇径流	工业废水	合计	受纳水体(比例)
桃城镇	5.98	4.88	0.24	2.29	0.46	2.73	1.97	18.55	桃溪(66.8%)
五里街镇	4.73	1.88	0.21	1.05	0.42	1.29	0.00	9.58	
蓬壶镇	4.24	2.70	1.10	2.93	2.17	0.39	0.28	13.81	
达埔镇	4.34	2.23	0.99	2.98	1.95	0.29	2.68	15.46	
吾峰镇	2.78	1.22	0.33	1.01	0.65	0.16	0.00	6.15	
石鼓镇	6.53	5.53	0.39	1.96	0.77	0.64	0.60	16.42	
东平镇	4.25	1.21	0.29	0.99	0.57	0.16	0.23	7.70	
锦斗镇	1.31	2.38	0.19	0.90	0.38	0.32	0.00	5.48	
呈祥乡	0.72	0.00	0.17	0.44	0.33	0.00	0.00	1.66	
苏坑镇	1.98	1.71	0.23	0.86	0.46	0.26	0.00	5.50	
仙夹镇	1.58	1.39	0.22	0.81	0.42	0.19	0.00	4.61	
东关镇	1.41	1.39	0.19	0.83	0.38	0.19	0.00	4.39	
湖洋镇	3.18	1.77	0.71	2.90	1.39	0.26	0.00	10.21	湖洋溪(10.2%)
介福乡	0.61	0.00	0.14	0.75	0.27	0.00	0.11	1.88	
外山乡	3.70	0.00	0.08	0.62	0.16	0.00	0.00	4.56	
九都镇	2.94	0.59	0.26	0.48	0.52	0.10	0.00	4.89	山美水库(3.0%)

乡镇	畜禽养殖	城镇生活污水	农村生活污水	农田径流	农村生活垃圾	城镇径流	工业废水	合计	受纳水体(比例)
龙浔镇	0.84	1.89	0.48	0.96	0.95	1.45	0.00	6.57	
三班镇	0.76	1.65	0.40	1.06	0.79	0.64	0.00	5.30	
龙门滩镇	1.31	0.48	0.34	1.37	0.66	0.45	0.00	4.61	浐溪、龙门滩水库 (20.0%)
浔中镇	0.85	0.85	0.44	0.97	0.86	0.80	0.00	4.77	
盖德乡	1.23	0.00	0.50	1.23	0.99	0.19	0.00	4.14	
国宝乡	1.54	0.00	0.08	0.80	0.15	0.22	0.00	2.79	
赤水镇	2.06	0.24	0.40	0.79	0.79	0.35	0.00	4.63	
合计	58.87	33.99	8.38	28.98	16.49	11.08	5.87	163.66	100%

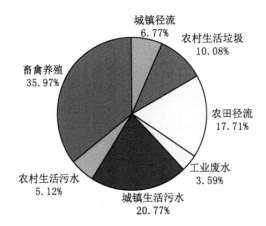

图 2.2.5 2011 年流域内各类污染源总磷入河量比例图

2.2.3 入库河流重要断面水质与污染源入河量分析

通过对汇集区域污染负荷及其汇集的对应断面监测水质的平均值间的相关性分析发现(如图 2.2.6 至图 2.2.9),不同入库断面总氮浓度与其汇入区域总氮 2011 年入河量正相关性达到极显著水平($n=16$,$p<0.01$);不同入库断面 COD 浓度与其汇入区域 COD 入河量正相关性达到显著水平($n=16$,$p<0.05$);不同入库断面氨氮、总磷浓度与汇入区域的氨氮、总磷入河量也呈一定的正相关性,接近显著水平。这表明不同入库河流断面的水质与汇入该断面的区域污染物入河量密切相关。

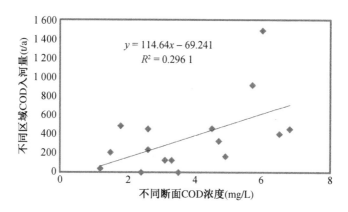

图 2.2.6　不同入库断面 COD 浓度与其汇入区域 COD 入河量相关性

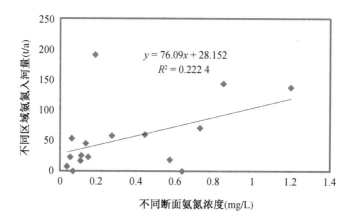

图 2.2.7　不同入库断面氨氮浓度与其汇入区域氨氮入河量相关性

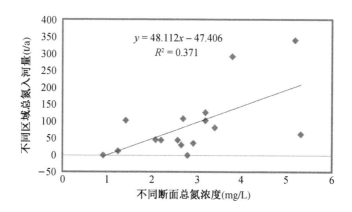

图 2.2.8　不同入库断面总氮浓度与其汇入区域总氮入河量相关性

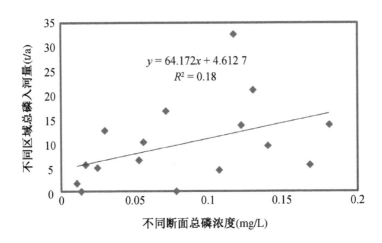

图 2.2.9 不同入库断面总磷浓度与其汇入区域总磷入河量相关性

2.2.4 流域污染物来源解析

2.2.4.1 污染物主要来源

对 2011 年山美水库流域内外源进行分析,结果表明:

山美水库 COD 的主要来源为城镇径流和城镇生活污水,分别占总入河量的 29% 和 26%。从区域污染来源分析,桃城镇入河量最高,主要是由城镇径流所致;其次为石鼓镇,主要是由城镇生活污水和工业废水所致。流域内接纳 COD 的水体主要为桃溪,约占流域内总入河量的 67.3%。

氨氮的主要来源为畜禽养殖,约占总入河量的 28%;其次为城镇生活污水,约占总入河量的 20%。从区域污染来源分析,石鼓镇入河量较高,主要是由工业废水所致。流域内接纳氨氮的水体主要为桃溪,约占流域内总入河量的 70.5%。

总氮的主要来源为畜禽养殖,约占总入河量的 26%;其次为城镇生活污水,约占总入河量的 21%。从区域污染来源分析,石鼓镇入河量最高,主要是由工业废水所致。流域内接纳总氮的水体主要为桃溪,约占流域内总入河量的 68.2%。

总磷的主要来源为畜禽养殖,约占总入河量的 36%;其次为城镇生活污水,约占总入河量的 21%。从区域污染来源分析,桃城镇和石鼓镇入河量较高,主要是由畜禽养殖和城镇生活污水所致。流域内接纳总磷的水体主要为桃溪,约占流域内总入河量的 66.8%。

由于龙门滩水库经德化冷水坑桥至大溪镇下游通过水体的自净作用,水质已得到较大的改善,仅氨氮略超过Ⅱ类水功能要求,表明龙门滩水库流域对山美水库水质影响较小。因此,对除龙门滩流域之外的 16 个乡镇污染负荷分布进行了分析,具体见图 2.2.10 至图 2.2.13。

2.2.4.2 优先控制的主要污染源名单

根据 COD、氨氮、总氮和总磷等主要污染物的来源,确定应优先控制的污染源名单如下:

COD:从污染源的类型分析,应优先控制的外源为城镇径流和城镇生活污水;从来源的区域分析,应优先控制的区域为桃城镇,其次为石鼓镇;从汇集的河流分析,应优先控制桃溪。

氨氮:从污染源的类型分析,应优先控制的外源为畜禽养殖,其次为城镇生活污水;从来源的区域分析,应优先控制的区域为石鼓镇;从汇集的河流分析,应优先控制桃溪。

总氮:从污染源的类型分析,应优先控制的外源为畜禽养殖,其次为城镇生活污水;从来源的区域分析,应优先控制的区域为石鼓镇;从汇集的河流分析,应优先控制桃溪。

总磷:从污染源的类型分析,应优先控制的外源为畜禽养殖,其次为城镇生活污水;从来源的区域分析,应优先控制的区域为桃城镇和石鼓镇;从汇集的河流分析,应优先控制桃溪。

同时,山美水库沉积物中氮、磷含量较高,在条件发生变化时,沉积物与水体中的氮、磷污染物平衡被打破,沉积物中的氮、磷可能出现解析,将对水库水体产生影响,具有一定的潜在风险,也应进行控制。

2.2.4.3 流域各河段重点控制污染源一览表

根据流域内各河流段 COD、氨氮、总氮和总磷的入河量,对流域内各河流段需要重点控制的污染源进行了排列,具体见表 2.2.14 至表 2.2.17。

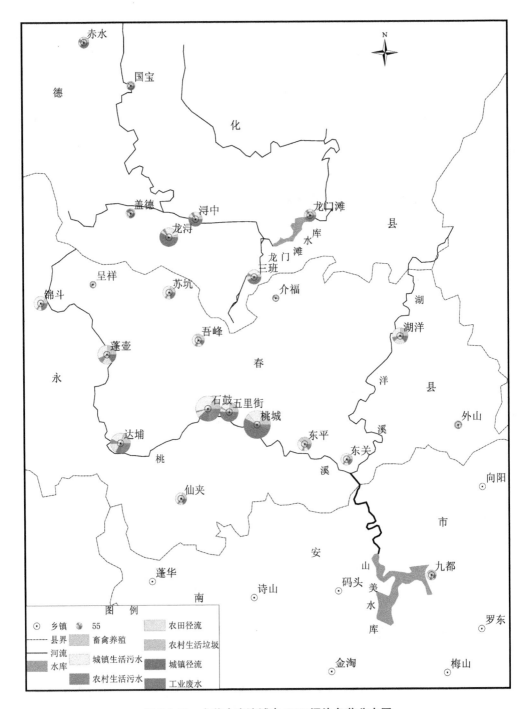

图 2.2.10 山美水库流域内 COD 污染负荷分布图

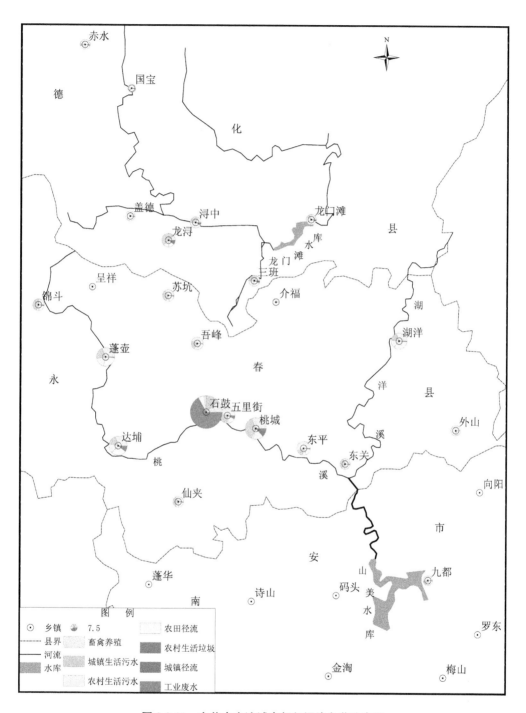

图 2.2.11 山美水库流域内氨氮污染负荷分布图

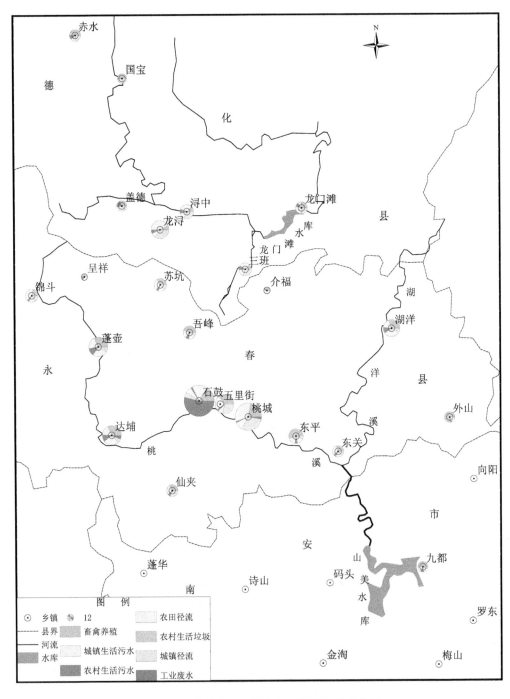

图 2.2.12 山美水库流域内总氮污染负荷分布图

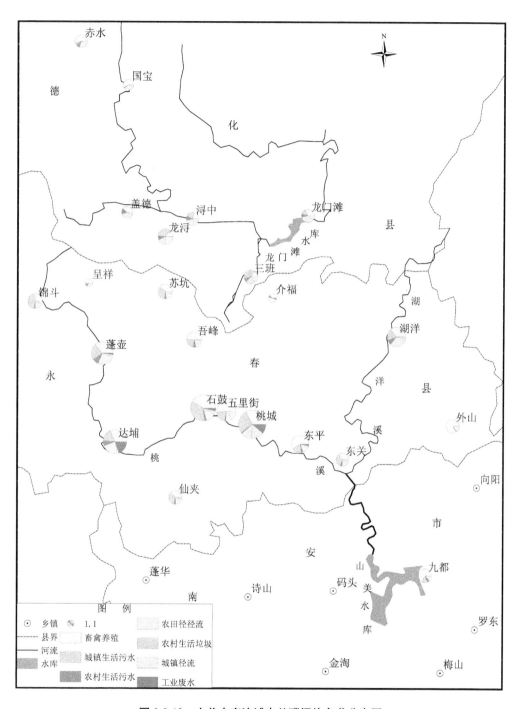

图 2.2.13 山美水库流域内总磷污染负荷分布图

表2.2.14　流域COD重点控制河段及重点控制污染源

河段	主要纳污乡镇	重点控制污染源（80%以上）			
		1	2	3	4
桃溪源头至蓬壶镇	锦斗镇、蓬壶乡	锦斗镇城镇生活污水	锦斗镇城镇径流	锦斗镇畜禽养殖 锦溪集中村	锦斗镇农田径流 锦溪、云路、洪内等集中村农田径流
蓬壶镇至达埔镇	蓬壶镇、苏坑镇	蓬壶镇城镇生活污水	苏坑镇城镇生活污水	蓬壶农田径流 壶南、单笼、西昌、美山等集中村	蓬壶镇畜禽养殖 仙岭、汤城、魁都、美山、丽里集中村分散畜禽养殖
达埔镇至石鼓镇	达埔镇、仙夹镇	达埔镇工业废水	达埔镇城镇生活污水	达埔镇畜禽养殖 永春县达埔镇洪步村养殖场、乌石、金星、前峰、达理集中村分散畜禽养殖	达埔镇农田径流 乌石、达山、达理村农田径流
石鼓镇至五里街镇	石鼓镇	城镇生活污水	工业废水 福建海汇工化工有限公司	城镇径流	畜禽养殖 福建省永春县附升畜禽有限公司、大卿、东安、石鼓、桃场等集中村分散畜禽养殖
五里街镇至桃城镇	五里街镇、吾峰镇	五里街镇城镇径流	城镇生活污水 五里街镇畜禽养殖 永春土寨农牧有限公司、永春县天马猪养殖场、埔头、蒋溪等分散畜禽养殖	五里街镇城镇生活污水	吾峰镇城镇生活污水 分散畜禽养殖
桃城镇至东平镇	桃城镇	城镇生活污水	城镇生活污水	畜禽养殖 丰山村养殖专业合作社	
东平镇至东关镇	东平镇、东关镇	永春县东平镇昆仑养殖场、冷水和太山集中村分散畜禽养殖 东平镇畜禽养殖	东关镇城镇生活污水	东平镇城镇生活污水	东平镇城镇径流

续表

河段	主要纳污乡镇	重点控制污染源（80%以上）			
		1	2	3	4
湖洋溪仙游永春县界至锦溪入口	湖洋镇	城镇生活污水	农田径流	畜禽养殖	城镇径流
介福溪入口至外山溪入口	介福乡	农田径流	玉柱、溪西、白云等集中村	无规模化养殖，各中心村相对比较平均	
外山溪入口至东美村	外山乡	畜禽养殖 紫美、龙谢中村	龙谢、紫美、福东集中村	农村生活垃圾 紫美、龙谢集中村	
水库库区	九都镇	畜禽养殖 九都镇秋阳村、隘桥养殖场、彭林、金圭、新峰集中村	云峰、乾溪集中村 城镇生活污水	城镇径流	

表2.2.15 流域氨氮重点控制河段及重点控制污染源

河段	主要纳污乡镇	重点控制污染源（70%以上）			
		1	2	3	4
桃溪源头至蓬壶镇	锦斗镇、呈祥乡	锦斗镇城镇生活污水	锦斗镇畜禽养殖 锦溪集中村	锦斗镇农田径流 锦溪、云路、洪内集中村	呈祥乡畜禽养殖 呈祥、西村集中村
蓬壶镇至达埔镇	蓬壶镇、苏坑镇	蓬壶镇畜禽养殖 仙岭、汤城、丽里都、美山、西昌、集中村分散畜禽养殖	蓬壶镇农田径流 壶南、西昌、美山集中村	蓬壶镇城镇生活污水	蓬壶镇农村生活污水
达埔镇至石鼓镇	达埔镇、仙夹镇	达埔镇畜禽养殖 永春县达埔镇洪春村岭头大寨、福春村分散畜禽养殖场、乌石、金星、前峰、达理集中村分散畜禽养殖	达埔镇农田径流 乌石、达山、达理集中村农田径流	达埔镇城镇生活污水	达埔镇农村生活污水 乌石、达中、达山、达理集中村区

续表

河段	主要纳污乡镇	重点控制污染源（70%以上）			
		1	2	3	4
石鼓镇至五里街镇	石鼓镇	工业废水　福建海汇化工有限公司	城镇生活污水	畜禽养殖	福建省永春县阳升畜禽有限公司等集中村场畜禽养殖　大卿、东安、石鼓、桃头、高垅集中村
五里街镇至桃城镇	五里街镇、吾峰镇	五里街镇畜禽养殖　永春县土寨农牧有限公司、永春县天马生猪养殖场、埔头、蒋溪等分散畜禽养殖	五里街镇城镇生活污水	吾峰镇畜禽养殖　分散畜禽养殖	五里街镇农田径流　埔头、高垅集中村
桃城镇至东平镇	桃城镇	城镇生活污水	丰山村养殖专业合作社	农田径流	
东平镇至东关镇	东平镇、东关镇	东平镇畜禽养殖　永春县东平镇昆仑养殖场、冷水和太山集中村分散畜禽养殖	东关镇城镇生活污水	东关镇畜禽养殖	东平镇城镇生活污水
湖洋溪仙游县春县界至锦溪入口	湖洋镇	农田径流　玉柱、溪西、白云等集中村农田	无规模化养殖、各中心村相对比较平均	城镇生活污水	农村生活污水
介福溪入口至外山溪入口	介福乡	农田径流　紫美、龙谢集中村	畜禽养殖　龙谢、紫美、福东集中村		
外山溪入口至东美	外山乡	畜禽养殖　云峰、乾溪集中村	农田径流　云峰、乾溪集中村		
水库库区	九都镇	畜禽养殖　九都镇秋阳村、隘桥养殖场、彭林、金主、新峰集中村	城镇生活污水	农田径流　美星、金主集中村	农村生活污水　新峰、新民、金主、美星集中村

表2.2.16　流域总氮重点控制河段及重点控制污染源

河段	主要纳污乡镇	重点控制污染源（70%以上）			
		1	2	3	4
桃溪源头至蓬壶镇	锦斗镇、呈祥乡	锦斗镇城镇生活污水	锦斗镇畜禽养殖 / 锦溪集中村锦溪、云路、洪内集中村	锦斗镇农田径流 / 锦溪、云路、洪内集中村	锦斗镇城镇径流
蓬壶镇至达埔镇	蓬壶镇、苏坑镇	蓬壶镇畜禽养殖 / 仙岭、汤城、魁都、美山、丽里集中村分散畜禽养殖	蓬壶镇农田径流 / 壶南、西昌、美山集中村	蓬壶镇城镇生活污水	苏坑镇城镇径流
达埔镇至石鼓镇	达埔镇、仙夹镇	达埔镇畜禽养殖 / 永春县达埔镇洪步村岭头寨福春养殖场、乌石、金星、前峰、达理集中村分散畜禽养殖	达埔镇农田径流 / 乌石、达山、达理村农田径流	达埔镇城镇生活污水	仙夹镇畜禽养殖 / 分散畜禽养殖
石鼓镇至五里街镇	石鼓镇	工业废水 / 福建海汇工化有限公司	城镇生活污水	畜禽养殖 / 福建省永春县阳升畜有限公司、大卿、东安、石鼓、桃场等分散畜禽养殖	
五里街镇至吾峰镇城关	五里街镇、吾峰镇	五里街镇畜禽养殖 / 永春县天马生猪有限公司、永春县天马养殖场、埔头、蒋溪等分散畜禽养殖	五里街镇城镇径流	五里街镇城镇生活污水	吾峰镇畜禽养殖 / 分散畜禽养殖
桃城镇至东平镇	桃城镇	城镇生活污水	城镇径流	畜禽养殖 / 丰山村养殖专业合作社	农田径流

续表

河段	主要纳污乡镇	重点控制污染源（70%以上）			
		1	2	3	4
东平镇至东关镇	东平镇、东关镇	东关镇畜禽养殖 永春县东平镇昆仑养殖场、冷水和太山集中分散畜禽养殖	东关镇城镇生活污水	东关镇畜禽养殖 外碧、内碧集中村	东平镇城镇生活污水
湖洋溪仙游县界至锦溪入口	湖洋镇	农田径流 玉柱、溪西、白云等集中村	畜禽养殖 无规模化养殖，各中心村相对比较平均	城镇生活污水	农村生活污水 玉柱、湖城集中村
介福溪入口至外山溪入口	介福乡	农田径流 紫美、龙谢集中村	畜禽养殖 龙谢、紫美、福东集中村		
外山溪入口至东美	外山乡	畜禽养殖 云峰、乾溪集中村	农田径流 云峰、乾溪集中村		
水库库区	九都镇	畜禽养殖 九都镇秋阳村陆桥养殖场、彭林、金玉、新峰集中村	城镇生活污水	农田径流 美星、金玉集中村	

表 2.2.17　流域总磷重点控制河段及重点污染源

河段	主要纳污乡镇	重点控制污染源（70%以上）			
		1	2	3	4
桃溪源头至蓬壶镇	锦斗镇、呈祥乡	锦斗镇城镇生活污水 锦斗镇畜禽养殖	锦溪集中村 锦斗镇农田径流	锦溪、云路、洪内集中村	呈祥乡畜禽养殖 呈祥、西村集中村

续表

河段	主要纳污乡镇	重点控制污染源（70%以上）			
		1	2	3	4
蓬壶镇至达埔镇	蓬壶镇、苏坑镇	蓬壶镇畜禽养殖　仙岭、汤城、魁都、美山、丽里集中村分散畜禽养殖	蓬壶镇农田径流　壶南、西昌、美山集中村	蓬壶镇城镇生活污水	蓬壶镇农村生活垃圾　壶南、单笼、西昌、美山集中村
达埔镇至石鼓镇	达埔镇、仙夹镇	达埔镇畜禽养殖　永春县达埔镇洪步村岭头兼福春养殖场、乌石、金星、前峰、达理集中村分散畜禽养殖	达埔镇农田径流　乌石、达山、达理村农田径流	达埔镇城镇生活污水	达埔镇农村生活垃圾　乌石、达中、达山、达理等村集中区
石鼓镇至五里街镇	石鼓镇	畜禽养殖	城镇生活污水		
五里街镇至桃城镇	五里街镇、吾峰镇	五里街镇畜禽养殖　永春土寨农牧有限公司、永春县天弋生猪养殖场、埔头、蒋岭等分散畜禽养殖	吾峰镇畜禽养殖　分散畜禽养殖	五里街镇城镇生活污水	五里街镇城镇径流
桃城镇至东平镇	桃城镇	畜禽养殖　丰山村养殖专业合作社	城镇径流	城镇生活污水	农田径流

续表

河段	主要纳污乡镇	重点控制污染源(70%以上)			
		1	2	3	4
东平镇至东关镇	东平镇、东关镇	东平镇畜禽养殖 永春县东平镇昆仑养殖场、冷水和太山集中分散畜禽养殖	东关镇畜禽养殖 外碧、内碧集中村	东关镇城镇生活污水	东平镇城镇生活污水
湖洋溪仙游永春县界至锦溪溪入口	湖洋镇	畜禽养殖 无规模化养殖,各个中心村相对比较平均	农田径流 玉柱、溪西、白云集中村	城镇生活污水	农村生活垃圾
介福溪入口至外山溪入口	介福乡	农田径流 紫美、龙谢集中村	畜禽养殖 龙谢、紫美、福东集中村		
外山溪入口至东美	外山乡	畜禽养殖 云峰、乾溪集中村	农田径流 云峰、乾溪集中村		
水库库区	九都镇	畜禽养殖 九都镇秋阳村、隘桥养殖场、彭林、金主、新峰集中村	城镇生活污水 城镇生活污水	农村生活垃圾 新峰、新民、金主、美星集中村	

2.3　流域生态环境现状分析

2.3.1　水环境现状调查与评价

本研究收集了 2008—2010 年山美水库以及 2010—2011 年德化县龙门滩流域的水环境例行监测资料,并在 2011 年 4 月、5 月和 7 月对山美水库流域进行现状监测。

2.3.1.1　监测方案

（1）监测点位

本次水环境现状调查在桃溪、湖洋溪两条主要入库河流和山美水库库区上布置监测点位,具体见表 2.3.1 和图 2.3.1。

表 2.3.1　山美水库流域水环境现状监测点位表

名　称	点位编号	点位名称	作　　用	测点性质
桃溪	晋 4(TX01)	永春呈祥	桃溪背景控制点	例行
	TX02	锦斗镇下游	锦斗镇污染控制点	新增
	TX03	苏坑镇下游	苏坑镇污染控制点	新增
	TX04	蓬壶镇上游	蓬壶镇上游来水控制点	新增
	TX05	蓬壶镇下游	蓬壶镇污染控制点	新增
	TX06	达埔镇下游	达埔镇下游控制点	新增
	TX07	石鼓镇下游	石鼓镇下游控制点	新增
	TX08	永春县城上游	永春县上游控制点	新增
	TX09	永春县城下游	永春县下游控制点	新增
	TX10	东平镇下游	东平镇下游控制点	新增
	永春 1(TX11)	东关大桥	桃溪入库水质控制点	例行
湖洋溪	晋 6(HY01)	德化冷水坑桥	湖洋溪调水水质控制点	例行
	HY02	大溪下游	大溪污染控制点	新增
	HY03	湖洋镇下游	湖洋镇下游控制点	新增
	HY04	外碧下游	外碧下游控制点	新增
	永春饮(HY06)	原永春第二水厂取水口	湖洋溪入库水质控制点	例行

续表

名　称	点位编号	点位名称	作　用	测点性质
山美水库	SM01	东关大桥下游	桃溪与湖洋溪汇合控制点	例行
	SM02	水库入库口	监控水库总入库水质	例行
	SM03	水库九都镇附近	库周九都镇污水入库控制点	新增
	SM04	水库中部	监控水库水质	例行
	SM05	水库出库口	监控水库出库水质	例行
	SM06	水库总出口	监控水库总出库水质	例行

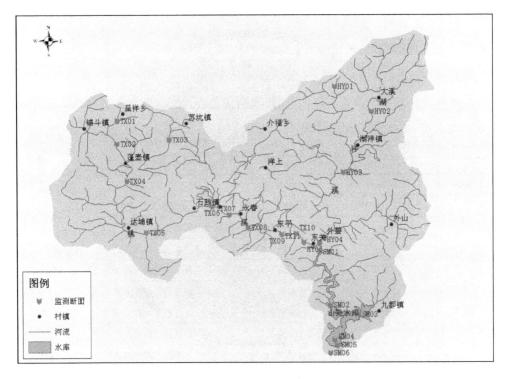

图 2.3.1　山美水库流域水环境现状监测点位布设图

（2）监测因子

水温、pH、溶解氧、总氮、氨氮、硝酸盐氮、亚硝酸盐氮、可溶性氮、高锰酸盐指数、总磷、正磷酸盐等，另外库区中增加叶绿素 a、透明度等指标。

（3）监测时间及频次

共监测 3 次，其中桃溪和湖洋溪的监测时间为 2011 年 4 月 26 日、5 月 25 日和 7 月 6 日,山美水库库区监测时间为 2011 年 4 月 25 日、5 月 31 日和 7 月 6 日。

（4）采样及分析方法

采样及分析方法,按国家《地表水和污水监测技术规范》(HJ/T 91—2002)和《地表水环境质量标准》(GB 3838—2002)中的有关规定执行。

2.3.1.2 评价方案

（1）评价方法

① 水环境现状评价

评价标准:湖洋溪和山美水库水环境质量评价执行《地表水环境质量标准》(GB 3838—2002)Ⅱ类水质标准;桃溪水环境质量评价执行《地表水环境质量标准》(GB 3838—2002)Ⅲ类水质标准。

评价方法:采用单项污染指数法评价水环境现状质量,计算公式如下:

一般水质因子(随水质因子浓度增加而水质变差的水质因子):

$$P_i = \frac{C_i}{C_{si}} \tag{2.3.1}$$

式中:P_i 为单项污染指数,当 $P_i > 1$ 时,超标倍数为 $P_i - 1$;C_i 为实测值,mg/L;C_{si} 为标准值,mg/L。

特殊水质因子:

pH

$$pH_i \leqslant 7.0 \quad P_i = \frac{7.0 - pH_i}{7.0 - pH_{sd}} \tag{2.3.2}$$

$$pH_i > 7.0 \quad P_i = \frac{pH_i - 7.0}{pH_{su} - 7.0} \tag{2.3.3}$$

式中:pH_i 为 pH 实测值;pH_{sd} 为评价标准中 pH 的下限值;pH_{su} 为评价标准中 pH 的上限值。

溶解氧——DO

$$DO_i \geqslant DO_s \quad P_i = \frac{|DO_f - DO_i|}{DO_f - DO_s} \tag{2.3.4}$$

$$DO_i < DO_s \quad P_i = 10 - 9\frac{DO_i}{DO_s} \tag{2.3.5}$$

式中：DO_i 为实测值；DO_s 为标准值；DO_f 为实测条件下溶解氧的饱和值，$DO_f = \dfrac{468}{31.6 + T}$。

② 水库水体富营养化评价

评价方法：采用综合营养状态指数法，计算公式如下：

$$TLI(\textstyle\sum) = \sum_{j=1}^{n} W_j \cdot TLI(j) \tag{2.3.6}$$

式中：$TLI(\sum)$ 为综合营养状态指数；W_j 为第 j 种参数的营养状态指数的相关权重；$TLI(j)$ 代表第 j 种参数的营养状态指数。

以 Chla 作为基准参数，则第 j 种参数的归一化的相关权重计算公式为：

$$W_j = \frac{r_{ij}^2}{\sum\limits_{j=1}^{n} r_{ij}^2} \tag{2.3.7}$$

式中：r_{ij} 为第 j 种参数与基准参数 Chla 的相关系数；n 为评价因子的个数。

我国水库的部分参数与 Chla 之间的相关系数 r_{ij} 及 r_{ij}^2 值见表 2.3.2。

表 2.3.2　中国水库部分参数与 Chla 的相关系数 r_{ij} 及 r_{ij}^2 值

参数	Chla	总磷	总氮	SD	高锰酸盐指数
r_{ij}	1	0.84	0.82	-0.83	0.83
r_{ij}^2	1	0.705 6	0.672 4	0.688 9	0.688 9

评价因子营养状态指数计算公式如下：

$$TLI(\text{Chla}) = 10(2.5 + 1.086 \ln \text{Chla}) \tag{2.3.8}$$

$$TLI(\text{总磷}) = 10(9.436 + 1.624 \ln \text{总磷}) \tag{2.3.9}$$

$$TLI(\text{总氮}) = 10(5.453 + 1.694 \ln \text{总氮}) \tag{2.3.10}$$

$$TLI(\text{SD}) = 10(5.118 - 1.94 \ln \text{SD}) \tag{2.3.11}$$

$$TLI(\text{高锰酸盐指数}) = 10(0.109 + 2.661 \ln \text{高锰酸盐指数}) \tag{2.3.12}$$

式中：叶绿素 a(Chla) 单位为 mg/m³，透明度(SD) 单位为 m，其他指标单位均为 mg/L。

采用 0～100 的一系列连续数字对水库营养状态进行分级，包括：贫营养、中营养、轻度富营养、中度富营养和重度富营养。其污染程度与评分值的关系如表2.3.3所示。

表 2.3.3 水质类别与评分值对应表

营养状态分级	评分值 $TLI(\sum)$	定性评价
贫营养	$0 < TLI(\sum) \leqslant 30$	优
中营养	$30 < TLI(\sum) \leqslant 50$	良好
轻度富营养	$50 < TLI(\sum) \leqslant 60$	轻度污染
中度富营养	$60 < TLI(\sum) \leqslant 70$	中度污染
重度富营养	$70 < TLI(\sum) \leqslant 100$	重度污染

2.3.1.3 主要入库河流水质现状评价结果与分析

（1）现状评价结果

桃溪和湖洋溪水质现状评价结果见表2.3.4，结果表明：桃溪的蓬壶镇下游、永春县城下游和东平镇下游断面水质超标严重，其他断面能基本满足水功能要求，主要超标因子为高锰酸盐指数和氨氮；湖洋溪的大溪下游和外碧下游断面水质良好，基本能满足水功能要求，其他断面均超标，主要超标因子为高锰酸盐指数和氨氮。对比2006年评价结果发现，湖洋溪水质下降较快，由原先达到功能要求的Ⅱ类水质降到劣Ⅴ类，同时桃溪水质也出现了一定程度的下降。

表 2.3.4 2011 年 3 个监测月份入库河流水质评价统计表

河流名称	点位编号	点位名称	水质目标	水质类别及主要污染指数		
				4 月	5 月	7 月
桃溪	晋 4（TX01）	永春呈祥	Ⅲ	Ⅲ	Ⅲ	Ⅲ
桃溪	晋 4（TX02）	锦斗镇下游	Ⅲ	Ⅲ	Ⅲ	Ⅲ
桃溪	晋 4（TX03）	苏坑镇下游	Ⅲ	Ⅲ	Ⅲ	Ⅲ

河流名称	点位编号	点位名称	水质目标	水质类别及主要污染指数		
				4月	5月	7月
桃溪	晋4(TX04)	蓬壶镇上游	Ⅲ	Ⅲ	Ⅲ	Ⅲ
桃溪	晋4(TX05)	蓬壶镇下游	Ⅲ	劣Ⅴ(高:1.2)	Ⅴ(高:1.2,总磷:1.5)	劣Ⅴ(高:1.03)
桃溪	晋4(TX06)	达埔镇下游	Ⅲ	Ⅲ	Ⅲ	Ⅲ
桃溪	晋4(TX07)	石鼓镇下游和永春县城上游	Ⅲ	Ⅲ	Ⅲ	Ⅲ
桃溪	晋4(TX09)	永春县城下游	Ⅲ	劣Ⅴ(高:1.05,氨氮:2.18)	劣Ⅴ(高:1.05)	Ⅲ
桃溪	晋4(TX10)	东平镇下游	Ⅲ	劣Ⅴ(高:1.13,氨氮:1.93)	劣Ⅴ(高:1.13)	Ⅲ
桃溪	永春1(TX11)	东关大桥	Ⅲ	劣Ⅴ(高:1.21)	Ⅲ	Ⅲ
湖洋溪	晋6(HY01)	德化冷水坑桥	Ⅱ	劣Ⅴ(氨氮:1.82)	劣Ⅴ(氨氮:1.6)	Ⅱ
湖洋溪	HY02	大溪下游	Ⅱ	Ⅱ	Ⅱ	Ⅱ
湖洋溪	HY03	湖洋镇下游	Ⅱ	劣Ⅴ(高:1.25)	劣Ⅴ(高:1.17)	劣Ⅴ(高:1.05)
湖洋溪	HY04	外碧下游	Ⅱ	Ⅱ	Ⅱ	Ⅱ
湖洋溪	永春饮(HY06)	原永春第二水厂取水口	Ⅱ	劣Ⅴ(氨氮:1.8)	劣Ⅴ(氨氮:1.95)	Ⅱ

注:高为高锰酸盐指数;()内数字为污染指数。

因河流中无总氮标准,引用《地表水环境质量标准》(GB 3838—2002)中湖库总氮标准对2011年4月、5月和7月共3个月份入库河流水质进行评价,评价结果见表2.3.5。从表可见,仅4月份永春呈祥断面水质达到Ⅲ类水质功能要求,其他断面各月份水质均未能达到其各自的功能区划要求。所有断面基本上处于湖库标准中的Ⅴ类水质或劣Ⅴ类水质,降低水质的主要指标为总氮,部分断面高锰酸盐指数和氨氮也超过各自的功能要求。

表 2.3.5 2011 年 3 个监测月份入库河流水质评价统计表(考虑总氮)

河流名称	点位编号	点位名称	水功能类别	水质类别及主要污染指数		
				4 月	5 月	7 月
桃溪	晋 4 (TX01)	永春呈祥	Ⅲ	Ⅲ	劣Ⅴ(总氮:2.4)	Ⅳ(总氮:1.14)
桃溪	晋 4 (TX02)	锦斗镇下游	Ⅲ	劣Ⅴ(总氮:2.04)	劣Ⅴ(总氮:2.14)	劣Ⅴ(总氮:2.03)
桃溪	晋 4 (TX03)	苏坑镇下游	Ⅲ	劣Ⅴ(总氮:2.96)	Ⅴ(总氮:1.93)	Ⅴ(总氮:1.68)
桃溪	晋 4 (TX04)	蓬壶镇上游	Ⅲ	Ⅳ(总氮:1.44)	Ⅳ(总氮:1.48)	Ⅳ(总氮:1.32)
桃溪	晋 4 (TX05)	蓬壶镇下游	Ⅲ	劣Ⅴ(总氮:2.55,高:1.2)	Ⅴ(总氮:1.86,高:1.2,总磷:1.5)	劣Ⅴ(总氮:2.64,高:1.03)
桃溪	晋 4 (TX06)	达埔镇下游	Ⅲ	劣Ⅴ(总氮:3.21)	劣Ⅴ(总氮:3.21)	劣Ⅴ(总氮:3.11)
桃溪	晋 4 (TX07)	石鼓镇下游和永春县城上游	Ⅲ	劣Ⅴ(总氮:4.62)	劣Ⅴ(总氮:2.89)	劣Ⅴ(总氮:3.84)
桃溪	晋 4 (TX09)	永春县城下游	Ⅲ	劣Ⅴ(总氮:6.69,高:1.05,氨氮:2.18)	劣Ⅴ(总氮:4.09,高:1.05)	劣Ⅴ(总氮:4.76)
桃溪	晋 4 (TX10)	东平镇下游	Ⅲ	劣Ⅴ(总氮:6.51,高:1.13,氨氮:1.93)	劣Ⅴ(总氮:5.09,高:1.13)	劣Ⅴ(总氮:4.33)
桃溪	永春 1 (TX11)	东关大桥	Ⅲ	劣Ⅴ(总氮:2.14,高:1.21)	劣Ⅴ(总氮:3.13)	劣Ⅴ(总氮:3.45)
湖洋溪	晋 6 (HY01)	德化冷水坑桥	Ⅱ	劣Ⅴ(总氮:8.36,氨氮:1.82)	劣Ⅴ(总氮:4.88,氨氮:1.6)	Ⅴ(总氮:3.46)
湖洋溪	HY02	大溪下游	Ⅱ	Ⅲ(总氮:1.2)	Ⅲ(总氮:1.36)	Ⅳ(总氮:2.86)
湖洋溪	HY03	湖洋镇下游	Ⅱ	劣Ⅴ(总氮:7.28,高:1.25)	劣Ⅴ(总氮:4.9,高:1.17)	劣Ⅴ(总氮:8.14,高:1.05)
湖洋溪	HY04	外碧下游	Ⅱ	劣Ⅴ(总氮:5.38)	Ⅴ(总氮:3.72)	劣Ⅴ(总氮:6.2)
湖洋溪	永春饮 (HY06)	原永春第二水厂取水口	Ⅱ	劣Ⅴ(总氮:4.28,氨氮:1.8)	劣Ⅴ(总氮:7.34,氨氮:1.95)	劣Ⅴ(总氮:7.46)

注:高为高锰酸盐指数;()内数字为污染指数。

（2）水质时空变化特征分析

2011年3个监测月份桃溪和湖洋溪河流水体pH时空变化特征如图2.3.2所示，pH范围在6.50～8.50之间。从时间上分析，5月份pH略低于4月份和7月份。从空间分布特征分析，桃溪和湖洋溪两河流pH无明显差异，且桃溪各断面pH变化特征不明显，而湖洋溪从上游到下游pH总体上呈上升趋势。

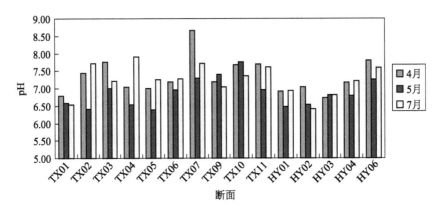

图2.3.2　入库河流断面pH时空变化特征

2011年3个监测月份桃溪和湖洋溪河流水体DO浓度时空变化特征如图2.3.3所示，DO浓度范围在6.0～10.8 mg/L之间。从时间上分析，4月、5月、7月三个月间DO浓度变化特征不明显。从空间分布特征分析，桃溪和湖洋溪两河流水体DO浓度无明显差异，且各个断面水体DO浓度也无显著的变化特征。

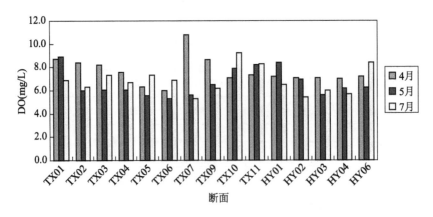

图2.3.3　入库河流断面DO浓度时空变化特征

2011 年 3 个监测月份桃溪和湖洋溪河流水体高锰酸盐指数时空变化特征如图 2.3.4 所示,高锰酸盐指数范围在 1.2～7.3 mg/L 之间。从时间上分析,4 月、5 月、7 月三个月间高锰酸盐指数变化特征不明显。从空间分布特征分析,桃溪水体高锰酸盐指数从上游到下游呈上升趋势,而湖洋溪水体高锰酸盐指数从上游到下游呈先上升后下降趋势。

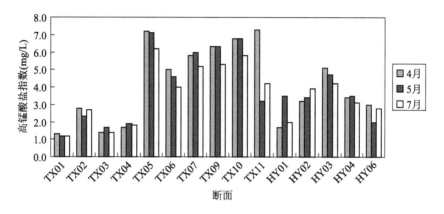

图 2.3.4 入库河流断面高锰酸盐指数时空变化特征

2011 年 3 个监测月份桃溪和湖洋溪河流水体氨氮浓度时空变化特征如图 2.3.5 所示,氨氮浓度范围在 0.057～2.1 mg/L 之间。从时间上分析,总体上,4 月份水体氨氮浓度略高于 5 月份,5 月份高于 7 月份。从空间分布特征分析,桃溪下游水体氨氮浓度明显高于上游,而湖洋溪上游德化冷水坑桥和下游原永春第二水厂取水口断面水体氨氮浓度显著高于其他断面。

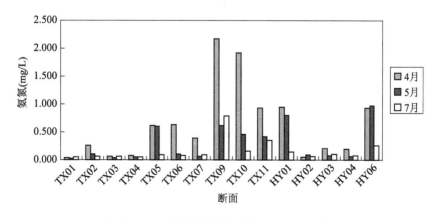

图 2.3.5 入库河流断面氨氮浓度时空变化特征

2011 年 3 个监测月份桃溪和湖洋溪河流水体硝酸盐氮浓度时空变化特征如图 2.3.6 所示,硝酸盐氮浓度范围在 0.22~4.87 mg/L 之间。从时间上分析,总体上,4 月、5 月、7 月三个月间水体硝酸盐氮浓度变化特征不明显。从空间分布特征分析,桃溪下游水体硝酸盐氮浓度明显高于上游,而湖洋溪中游硝酸盐氮浓度较高。

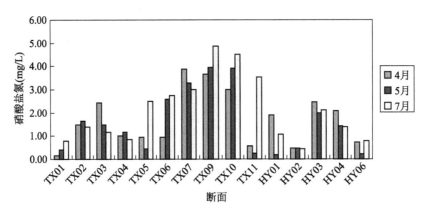

图 2.3.6 入库河流断面硝酸盐氮浓度时空变化特征

2011 年 3 个监测月份桃溪和湖洋溪河流水体亚硝酸盐氮浓度时空变化特征如图 2.3.7 所示,亚硝酸盐氮浓度范围在 0~0.80 mg/L 之间。从时间上分析,总体上,4、5 月份水体亚硝酸盐氮浓度高于 7 月份。从空间分布特征分析,桃溪下游水体亚硝酸盐氮浓度明显高于上游;湖洋溪大溪下游亚硝酸盐氮浓度值较小,显著低于其他各断面,而其他各断面水体亚硝酸盐氮浓度变化不明显。

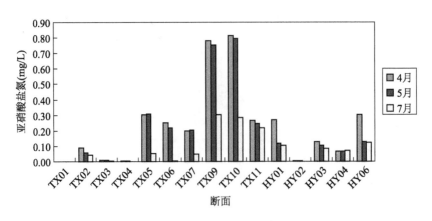

图 2.3.7 入库河流断面亚硝酸盐氮浓度时空变化特征

2011 年 3 个监测月份桃溪和湖洋溪河流水体总氮浓度时空变化特征如图 2.3.8 所示,总氮浓度范围在 0.19～6.69 mg/L 之间。从时间上分析,总体上, 4 月、5 月、7 月各月份水体总氮浓度变化不明显。从空间分布特征分析,桃溪下游水体总氮浓度明显高于上游;湖洋溪大溪下游总氮浓度显著低于其他各断面, 而其他各断面总氮浓度变化不明显。

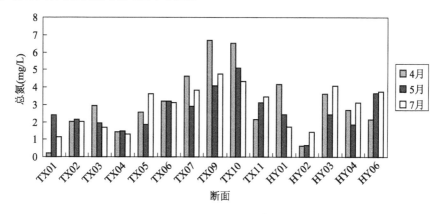

图 2.3.8　入库河流断面总氮浓度时空变化特征

2011 年 3 个监测月份桃溪和湖洋溪河流水体可溶性氮浓度时空变化特征如图 2.3.9 所示,可溶性氮浓度范围在 0.021～4.97 mg/L 之间。从时间上分析,总体上,4 月份各断面可溶性氮浓度显著低于 5 月份,而 5 月份大多数断面可溶性氮浓度也略低于 7 月份。从空间分布特征分析,桃溪和湖洋溪下游水体可溶性氮浓度皆明显高于上游。

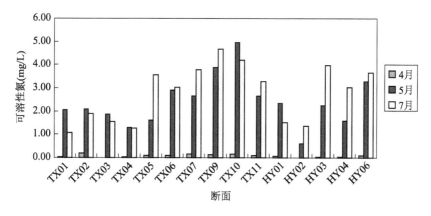

图 2.3.9　入库河流断面可溶性氮浓度时空变化特征

2011 年 3 个监测月份桃溪和湖洋溪河流水体总磷浓度时空变化特征如图 2.3.10 所示，总磷浓度范围在 0.011～0.304 mg/L 之间。从时间上分析，总体上，4 月、5 月、7 月各月份水体总磷浓度变化不明显。从空间分布特征分析，桃溪下游断面水体总磷浓度高于上游（除锦斗镇下游断面）；湖洋溪大溪下游断面水体总磷浓度明显低于湖洋溪其他断面。

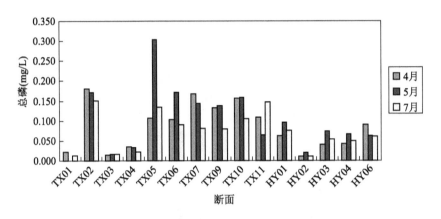

图 2.3.10　入库河流断面总磷浓度时空变化特征

2011 年 3 个监测月份桃溪和湖洋溪河流水体正磷酸盐浓度时空变化特征如图 2.3.11 所示，正磷酸盐浓度范围在 0.004～0.124 mg/L 之间。从时间上分析，总体上，4 月、5 月较 7 月水体正磷酸盐浓度高。从空间分布特征分析，桃溪下游断面水体正磷酸盐浓度高于上游（除锦斗镇下游断面）；湖洋溪大溪下游断面水体正磷酸盐浓度明显低于湖洋溪其他断面水体正磷酸盐浓度。

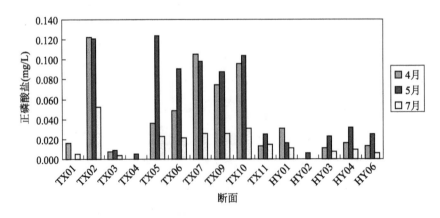

图 2.3.11　入库河流断面正磷酸盐浓度时空变化特征

2.3.1.4　山美水库水质评价结果

（1）水库历年水质评价

对 2008—2010 年期间山美水库进口、水库库心及水库出口水质进行评价,结果表明:pH、溶解氧、高锰酸盐指数、五日生化需氧量、铜、锌、氟化物、硒、砷、汞、镉、六价铬、铅、氰化物、挥发酚、石油类、大肠菌群等指标均能满足《地表水环境质量标准》(GB 3838—2002)Ⅱ类标准;氨氮浓度除极个别外,基本上都能满足Ⅱ类水质标准;总磷浓度稍高,2008—2010 年期间皆高于 0.020 mg/L,同时,有部分不能达到Ⅱ类水质标准,尤其在 2010 年 7 月和 11 月份均只能达到Ⅲ类水质标准;总氮浓度出现超标现象,基本上处于Ⅴ类水质标准。氨氮、总氮、总磷浓度历年变化情况如图 2.3.12、图 2.3.13 和图 2.3.14 所示。

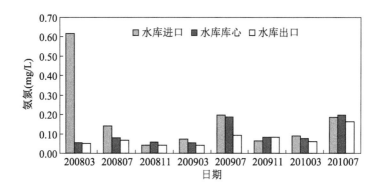

图 2.3.12　山美水库氨氮浓度时空变化特征

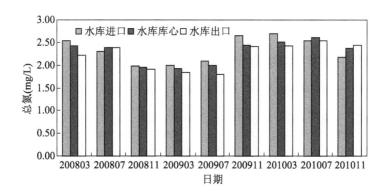

图 2.3.13　山美水库总氮浓度时空变化特征

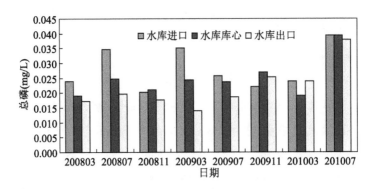

图 2.3.14　山美水库总磷浓度时空变化特征

根据 2008—2010 年山美水库库区水质监测资料,采用综合营养状态指数法计算水库水体营养状态指数,结果如图 2.3.15 所示。由图可知,山美水库水体综合营养状态指数在 30～45 之间,其最小值为 30,最大值为 45。对照营养状态分级表,水库水体处于中营养状态。

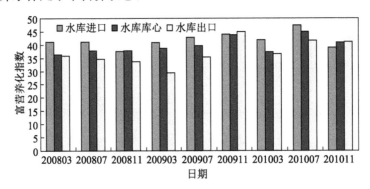

图 2.3.15　山美水库综合营养状态指数时空变化特征

(2) 2011 年水库水质现状评价

对 2011 年 4 月份、5 月份和 7 月份山美水库库区水质进行评价,结果表明:pH 符合Ⅱ类水质标准;溶解氧浓度在表层水体中也达到Ⅱ类水质标准,中下层水体溶解氧浓度相对较低,部分未达到Ⅱ类水质标准;高锰酸盐指数基本达到Ⅱ类水质标准要求,仅 4 月份入库口上层处高于Ⅱ类水质标准;氨氮浓度仅 4 月份东关大桥下游超标,为Ⅳ类水质;各月所有样点总氮浓度均超过 2.0 mg/L,处于劣Ⅴ类水质;东关大桥和入库区总磷浓度处于Ⅲ类到Ⅴ类水质之间,其他各样点总磷浓度均达到Ⅱ类水质标准。

（3）水质时空变化特征分析

① 2011 年 3 个监测月份山美水库表层水质时空变化特征

山美水库各监测点位表层水体 pH 时空变化特征如图 2.3.16 所示，pH 范围在 7.01～9.04。从时间上分析，三个月份间水库表层水体 pH 无明显变化特征。从空间分布特征分析，东关大桥下游和水库总出口表层水体 pH 皆低于 7.80，而库区表层水体 pH 皆高于 8.50，因而东关大桥下游和水库总出口表层水体 pH 低于库区。

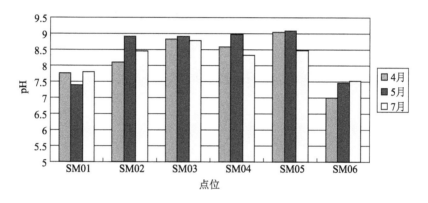

图 2.3.16　山美水库表层水体 pH 时空变化特征

山美水库各监测点位表层水体溶解氧浓度时空变化特征如图 2.3.17 所示，溶解氧浓度范围在 3.5～12.0 mg/L。从时间上分析，三个月份间水库表层水体溶解氧浓度无明显变化特征。从空间分布特征分析，仅水库总出口表层水体溶解氧浓度略低于水库其他点位。

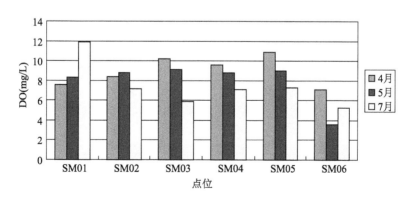

图 2.3.17　山美水库表层水体溶解氧浓度时空变化特征

山美水库各监测点位表层水体高锰酸盐指数时空变化特征如图2.3.18所示，高锰酸盐指数范围在1.81～4.94 mg/L。从时间上分析，三个月份间水库表层水体高锰酸盐指数无明显变化特征。从空间分布特征分析，东关大桥下游和水库总出口表层水体高锰酸盐指数低于库区。

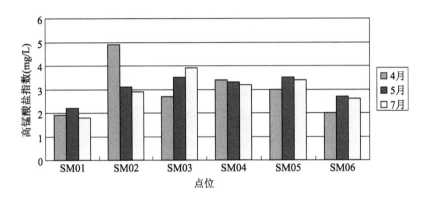

图 2.3.18　山美水库表层水体高锰酸盐指数时空变化特征

山美水库各监测点位表层水体氨氮浓度时空变化特征如图 2.3.19 所示，氨氮浓度范围在 0.05～1.14 mg/L。从时间上分析，三个月份间水库表层水体氨氮浓度无明显变化特征，仅 4 月份东关大桥下游表层水体氨氮浓度较高，达1.14 mg/L。从空间分布特征分析，各监测点位表层水体氨氮浓度无明显变化特征。

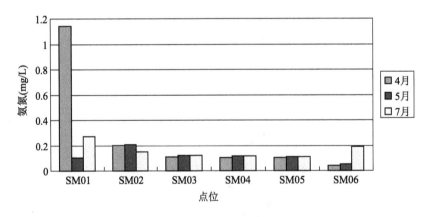

图 2.3.19　山美水库表层水体氨氮浓度时空变化特征

山美水库各监测点位表层水体硝酸盐氮时空变化特征如图 2.3.20 所示，硝酸盐氮浓度范围在 0.6～2.1 mg/L。从时间上分析，三个月份间水库表层水体硝酸盐氮浓度无明显变化特征。从空间分布特征分析,仅东关大桥下游 4、5 月份表层水体硝酸盐氮浓度低于库区其他点位。

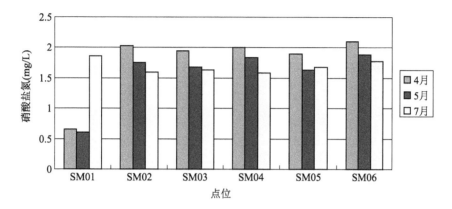

图 2.3.20 山美水库表层水体硝酸盐氮浓度时空变化特征

山美水库各监测点位表层水体亚硝酸盐氮浓度时空变化特征如图 2.3.21 所示,亚硝酸盐氮浓度范围在 0.002～0.168 mg/L。从时间上分析,三个月份间水库表层水体亚硝酸盐氮浓度无明显变化特征。从空间分布特征分析,水库总出口表层水体亚硝酸盐氮浓度低于水库其他点位。

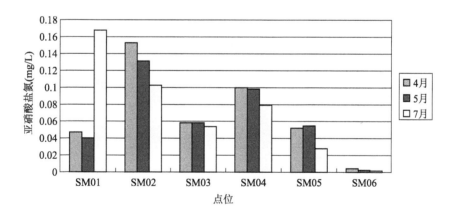

图 2.3.21 山美水库表层水体亚硝酸盐氮浓度时空变化特征

山美水库各监测点位表层水体总氮浓度时空变化特征如图 2.3.22 所示,总氮浓度范围在 2.2～4.9 mg/L。从时间上分析,三个月份间水库表层水体总氮浓度无明显变化特征。从空间分布特征分析,水库各监测点位表层水体总氮浓度无显著差异。

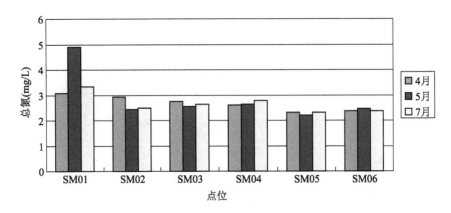

图 2.3.22　山美水库表层水体总氮浓度时空变化特征

　　山美水库各监测点位表层水体可溶性氮浓度时空变化特征与总氮相似（图 2.3.23），可溶性氮浓度范围在 2.14～4.38 mg/L，各点位均略低于总氮浓度。从时间上分析，三个月份间水库表层水体可溶性氮浓度无明显变化特征。从空间分布特征分析，水库各监测点位表层水体可溶性氮浓度无显著差异。

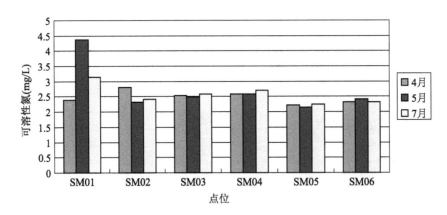

图 2.3.23　山美水库表层水体可溶性氮浓度时空变化特征

　　山美水库各监测点位表层水体总磷浓度时空变化特征如图 2.3.24 所示，总磷浓度范围在 0.007～1.32 mg/L。从时间上分析，三个月份间水库表层水体总磷浓度无明显变化特征。从空间分布特征分析，东关大桥下游水库表层水体总磷浓度明显高于水库其他监测点位。

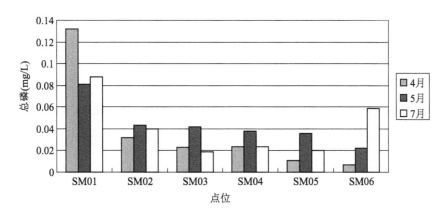

图 2.3.24 山美水库表层水体总磷浓度时空变化特征

山美水库各监测点位表层水体正磷酸盐浓度时空变化特征如图 2.3.25 所示，正磷酸盐浓度范围在 0.004～0.027 mg/L。从时间上分析，5 月份各监测点位表层水体正磷酸盐浓度最高，而 7 月份最低。从空间分布特征分析，各监测点位间无明显差异。

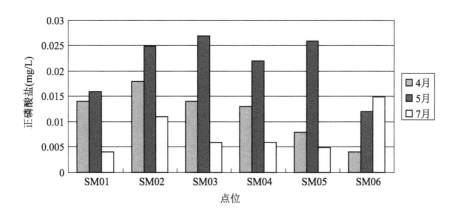

图 2.3.25 山美水库表层水体正磷酸盐浓度时空变化特征

山美水库各监测点位表层水体叶绿素 a 含量时空变化特征如图 2.3.26 所示，叶绿素 a 含量范围在 2.92～53.94 mg/m³。从时间上分析，5 月份各监测点位表层水体叶绿素 a 含量最高，而 7 月份最低。从空间分布特征分析，东关大桥下游水库表层水体叶绿素 a 含量较高，明显高于水库其他监测点位。

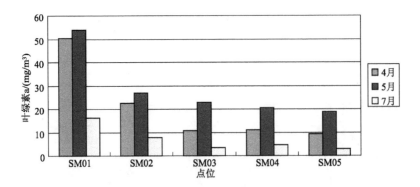

图 2.3.26 山美水库表层水体叶绿素 a 含量时空变化特征

② 2008—2011 年山美水库水质时间变化规律

对山美水库进口、水库库心和水库出口水体近 4 年的高锰酸盐指数、氨氮、总氮和总磷等指标的变化特征进行分析,结果如图 2.3.27、图 2.3.28、图 2.3.29、图2.3.30所示。由图可知,山美水库除出库口总氮和总磷浓度之外,入库口、库中心水体中高锰酸盐指数、氨氮、总氮和总磷浓度及出库口水体中高锰酸盐指数、氨氮浓度除极个别异常值之外,总体上略呈上升趋势。

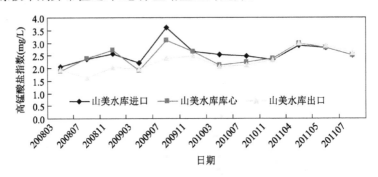

图 2.3.27 山美水库历年高锰酸盐指数变化特征

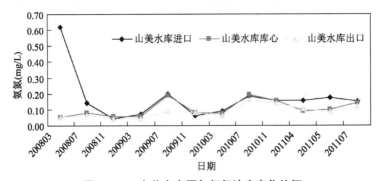

图 2.3.28 山美水库历年氨氮浓度变化特征

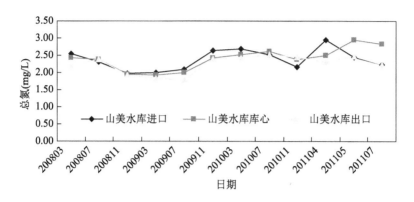

图 2.3.29 山美水库历年总氮浓度变化特征

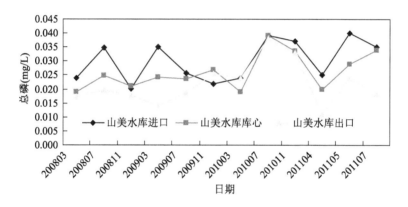

图 2.3.30 山美水库历年总磷浓度变化特征

③ 山美水库水质垂直分布状况

通过 2011 年 3 个月份对山美水库水质的监测,发现随着水库深度的变化水体水质也发生一定的变化。图 2.3.31 为 2011 年 5 月份库区 SM02 监测点位水质垂直变化分布图,由图可知,DO、氨氮、亚硝酸盐氮、总磷、正磷酸盐和叶绿素 a 等指标浓度和高锰酸盐指数、pH 随着水深度的增加,皆呈现明显的下降趋势;总氮和可溶性氮浓度随着水深度的增加略显下降,而硝酸盐氮浓度随着水深度的增加略呈上升趋势。同时,其他监测点位及其他月份的监测结果皆表现出类似的垂直变化分布规律,这表明水深对库体水质存在一定的影响。

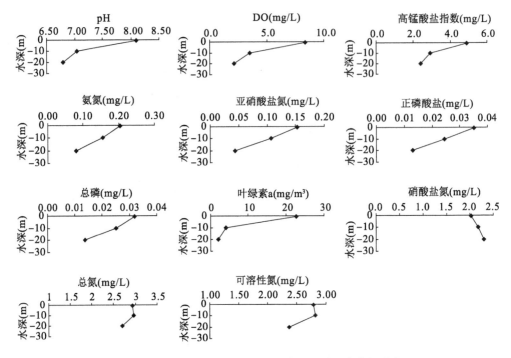

图 2.3.31　山美水库库区 SM02 监测点位水质垂直变化分布图

2.3.1.5　山美水库富营养化评价

根据 2011 年山美水库现状监测结果,采用综合营养状态指数法,计算山美水库表层水体富营养化指数,结果见表 2.3.6。结果表明山美水库水体综合营养状态指数在 40~50,其最小值为 40.4,最大值为 49.8。对照营养状态分级表,水库水体处于中营养状态。

表 2.3.6　2011 年山美水库综合营养状态指数

点位编号	点位位置	4 月	5 月	7 月
SM01	东关大桥下游	49.8	—	—
SM02	水库入库口	48.7	47.9	45.9
SM03	水库九都镇附近	45.5	47.6	42.4
SM04	水库中部	46.4	47.3	43.0
SM05	水库出库口	42.3	47.5	40.4
SM06	水库总出口	—	—	—

2.3.1.6 龙门滩水库流域水质评价结果与分析

龙门滩水库流域水环境现状评价主要利用德化例行水质监测数据,水质例行监测断面见图 2.3.32。

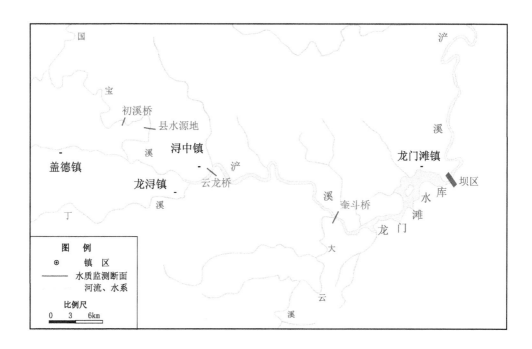

图 2.3.32 龙门滩流域水质例行监测断面布设图

(1) 龙门滩流域水质评价结果

龙门滩流域水质现状评价结果表明,龙门滩流域 4 个断面所测水质指标均能满足《地表水环境质量标准》(GB 3838—2002)中Ⅲ类要求。

因河流中无总氮标准,引用《地表水环境质量标准》(GB 3838—2002)中湖库总氮标准对 2010—2011 年龙门滩水库上游水质进行评价。结果表明,各断面总氮浓度也能满足《地表水环境质量标准》(GB 3838—2002)中湖库总氮Ⅲ类标准。

(2) 龙门滩水库上游水质变化规律

2010—2011 年龙门滩水库流域各监测点位水体 pH 时空变化特征如图 2.3.33 所示,pH 范围在 7.18~8.02。从时间上分析,6 个月份间各监测点位水体 pH 无明显变化特征。从空间分布特征分析,除极个别断面外,下游 pH 要略高于上游 pH。

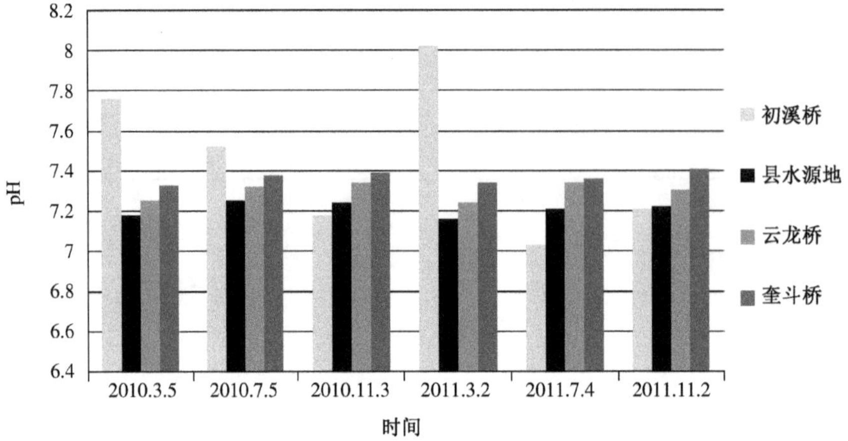

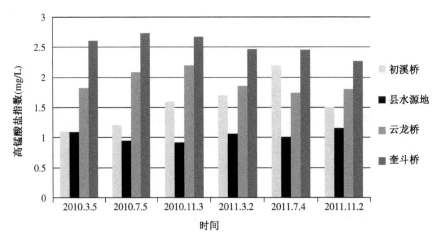

图 2.3.33　龙门滩流域水体 pH 时空变化特征

　　2010—2011 年龙门滩水库流域各监测点位水体高锰酸盐指数时空变化特征如图 2.3.34 所示,高锰酸盐指数范围在 0.92~2.73 mg/L。从时间上分析,6 个月份间各监测点位水体高锰酸盐指数无明显变化特征。从空间分布特征分析,除县水源地取水口断面高锰酸盐指数较低之外,总体表现为下游高锰酸盐指数高于上游。

图 2.3.34　龙门滩流域水体高锰酸盐指数时空变化特征

　　2010—2011 年龙门滩水库流域各监测点位水体氨氮浓度时空变化特征如图 2.3.35 所示,氨氮浓度范围在 0.072~0.694 mg/L。从时间上分析,6 个月份间各监测点位水体氨氮浓度无明显变化特征。从空间分布特征分析,除县水源地取水口断面氨氮浓度较低之外,总体表现为下游氨氮浓度高于上游。

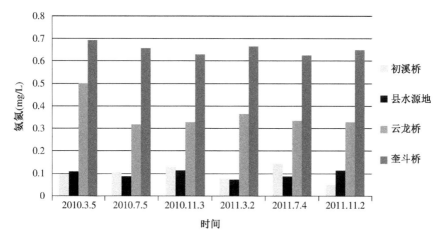

图 2.3.35　龙门滩流域水体氨氮浓度时空变化特征

2010—2011 年龙门滩水库流域各监测点位水体总磷浓度时空变化特征如图 2.3.36 所示,总磷浓度范围在 0.011～0.14 mg/L。从时间上分析,6 个月份间各监测点位水体总磷浓度无明显变化特征。从空间分布特征分析,除县水源地取水口断面总磷浓度较低之外,总体表现为下游总磷浓度高于上游。

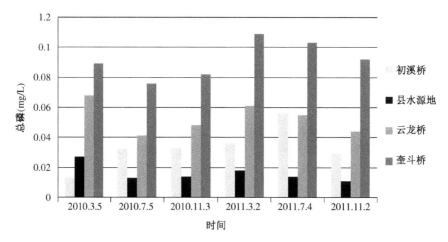

图 2.3.36　龙门滩流域水体总磷浓度时空变化特征

2010—2011 年龙门滩水库流域各监测点位水体总氮浓度时空变化特征如图 2.3.37 所示,总氮浓度范围在 0.29～1.02 mg/L。从时间上分析,6 个月份间各监测点位水体总氮浓度无明显变化特征。从空间分布特征分析，除县水源地取水口断面总氮浓度较低之外，总体表现为下游总氮浓度高于上游。

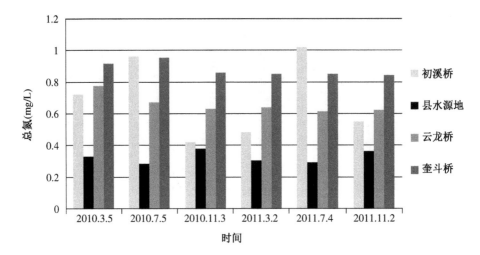

图 2.3.37 龙门滩流域水体总氮浓度时空变化特征

2.3.2 底泥现状调查与评价

2.3.2.1 监测方案

（1）监测点位

山美水库流域桃溪、湖洋溪及水库库区底泥监测点位见表 2.3.7 和图 2.3.38。

表 2.3.7 山美水库流域底泥监测点位表

序号	点位编号	点位位置
1	N01	呈　祥
2	N02	冷水坑水库
3	N03	原永春第二水厂取水口
4	N04	东关大桥
5	N05	东关大桥下游
6	N06	水库入库口
7	N07	水库中部
8	N08	水库出库口区

续表

序号	点位编号	点位位置
9	N09	原主要围网养殖区 1
10	N10	原主要围网养殖区 2

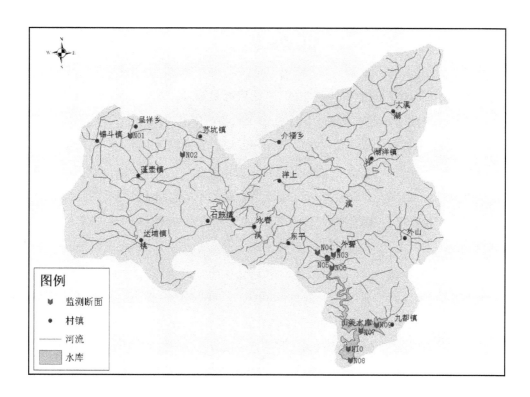

图 2.3.38　山美水库流域底泥监测点位示意图

（2）监测因子

pH、总氮、总磷和有机质等理化性质，铜、锌、铅、镉、镍、铬（六价）和汞、砷等重金属，以及六六六和滴滴涕等有机污染物。

（3）监测时间与频次

2011 年 5 月 16 日和 6 月 19 日各采样 1 次。

（4）采样及分析方法

采样及分析方法按国家《环境监测分析方法标准制订技术导则》和《土壤元素的近代分析方法》中的有关规定执行。

2.3.2.2 结果与分析

2011年5月16日和6月19日对山美水库库区及入库河流重要点位底泥沉积物进行了两次监测,监测时期水库深度为:入库口水深约22 m,库中约25 m,出库口约35 m。所有样点沉积物pH皆为6.80左右,呈弱酸性,与2006年12月份监测结果相一致。具体监测结果见表2.3.8,两个月份沉积物各项指标变化不大,主要是由于底泥沉积物相对水体较为稳定。各点位总氮变化较大,浓度范围在321～2 520 mg/kg,其中N01(呈祥)点位总氮浓度最低,两个月份皆低于400 mg/kg,而N02点位(冷水坑水库)总氮浓度最高,超过2 400 mg/kg,其他点位沉积物总氮浓度皆近似或高于1 000 mg/kg。各点位总磷浓度变异性也较大,范围在386～2 016 mg/kg,其中N01(呈祥)和N02(冷水坑水库)点位总磷浓度较低,远低于1 000 mg/kg,其他监测点位皆近似或高于1 000 mg/kg。有机质浓度变异性也较大,范围在3.30～22.35 mg/g。除汞之外其他重金属与有机污染物浓度变异性均相对较小,其范围为:Hg(0.068～0.924 mg/g),As(3.21～16.0 mg/g),Cr^{6+}(30.5～102.0 mg/g),Pb(53.8～116 mg/g),Cd(0.139～0.433 mg/g),Cu(18.1～75.6 mg/g),Zn(123～240 mg/g),Ni(9.2～27.5 mg/g);六六六(<0.004 mg/g),滴滴涕(0.004～0.035 mg/g)。与2006年12月份底泥沉积物的监测结果进行比较,发现底泥沉积物中总氮和总磷浓度明显增加,重金属Hg、As、Cr^{6+}、Cu、Zn含量也有所上升,其他因子无明显变化。

通过对山美水库及入库河流底泥沉积物中有机质与总氮、总磷的相关性分析发现,有机质与总氮相关系数为0.909($n=10$,$P<0.01$),有机质与总磷相关系数为0.465($n=10$,$P<0.01$),皆达到极显著水平,这可能与它们具有相同的来源或在底泥中的性质有关。

2.3.3 生态环境现状

2.3.3.1 流域水生生态现状

(1)浮游动植物的组成及生物量

收集山美水库上游、大湾、九都、大坝和井角等5个点位已有的浮游植物和浮游动物调查资料,具体如下:

表 2.3.8 山美水库流域入库河流及库区重要点位 2011 年底泥沉积物监测结果

取样点	编号	取样月份	项目												
			总氮(mg/kg)	总磷(mg/kg)	有机质(mg/g)	砷(mg/kg)	汞(mg/kg)	铬(六价)(mg/kg)	铅(mg/kg)	镉(mg/kg)	铜(mg/kg)	锌(mg/kg)	镍(mg/kg)	六六六(mg/kg)	滴滴涕(mg/kg)
呈祥	N01	5	392	6 63	5.06	3.21	0.557	88.6	64.2	0.139	28.8	123	19.0	<0.004	<0.004
		6	321	400	3.30	5.55	0.068	102	53.8	0.227	75.6	157	22.4	<0.004	<0.004
冷水坑水库	N02	5	2 520	665	22.35	16.0	0.924	37.1	92.2	0.320	18.1	140	10.5	<0.004	<0.004
		6	2 408	386	21.45	13.2	0.097	30.5	66.8	0.182	21.4	135	9.15	<0.004	<0.004
原水春第二水厂取水口	N03	5	1848	1253	16.50	4.27	0.431	50.5	92.7	0.366	50.9	220	17.0	<0.004	0.014
		6	1456	1107	21.12	3.72	0.164	50.6	82.1	0.326	49.9	240	16.1	<0.004	0.022
东关大桥	N04	5	1176	1085	13.86	5.60	0.254	49.9	91.2	0.339	48.4	210	15.8	<0.004	0.013
		6	952	885	13.53	5.35	0.164	43.9	77.3	0.245	49.3	188	14.7	<0.004	0.013
东关大桥下游	N05	5	1288	1107	15.51	3.73	0.305	48.1	90.8	0.309	48.9	216	18.3	<0.004	0.009
		6	1120	1000	14.19	3.98	0.170	46.0	94.6	0.256	59.4	214	17.9	<0.004	0.009
水库入库口	N06	5	1456	946	13.53	5.64	0.200	48.5	106	0.239	43.0	199	19.9	<0.004	0.006
		6	1232	1019	12.54	4.33	0.134	47.0	99.2	0.218	50.5	172	18.9	<0.004	0.005
水库中部	N07	5	1680	1078	14.85	9.84	0.187	51.7	113	0.258	46.4	179	22.0	<0.004	<0.004
		6	1400	892	13.20	8.09	0.151	48.2	116	0.145	32.5	150	19.6	0.004	0.007
水库出库口区	N08	5	1792	1170	15.84	9.31	0.204	52.8	116	0.177	41.7	192	21.7	—	—
		6	2 128	1409	20.46	7.60	0.135	55.6	111	0.180	45.8	178	27.5	<0.004	0.006
原围网养殖区 1	N09	5	1456	1010	13.20	7.06	0.470	54.1	89.8	0.200	36.6	151	18.0	<0.004	0.006
		6	1680	1139	16.25	11.4	0.135	53.9	97.6	0.163	39.2	171	25.6	<0.004	<0.004
原围网养殖区 2	N10	5	2 296	2 016	21.45	8.18	0.309	62.4	101	0.433	44.3	205	20.4	<0.004	0.011
		6	2 240	1 640	19.14	6.25	0.217	61.9	103	0.344	40.8	174	21.0	<0.004	0.035
最大值			2 520	2 016	22.35	16.00	0.924	102.0	116.0	0.433	75.6	240	27.5	—	—
均值			1542	1044	15.37	7.12	0.264	54.2	92.9	0.253	43.6	181	18.8	—	—
最小值			321	386	3.30	3.21	0.068	30.5	53.8	0.139	18.1	123	9.2	—	—

① 浮游植物的组成及生物量

山美水库共有浮游植物 7 门共 51 种。其中,绿藻门 18 种占 35.3%、蓝藻门 19 种占 37.3%、硅藻门 8 种占 15.7%、甲藻门 2 种占 3.9%、裸藻门 1 种、隐藻门 1 种和黄藻门 2 种,见表 2.3.9。

表 2.3.9　山美水库浮游植物组成

名称	拉丁文名称	分类
鱼腥藻属	*Anabaena* Bory	蓝藻门蓝藻纲念珠藻目念珠藻科鱼腥藻属
颤藻	*Oscillatoria numicida* Gom.	蓝藻门蓝藻纲段殖体藻目颤藻科颤藻属
湖泊鞘丝藻	*Lyngbya limnetica* Lemm.	蓝藻门蓝藻纲念珠藻目颤藻科鞘丝藻属
席藻	*Phormidium*	蓝藻门蓝藻纲颤藻目
针状蓝纤维藻	*Dactylococcopsis acicularis* Lemm.	蓝藻门色球藻纲色球藻目色球藻科蓝纤维藻属(拟指杆藻属)
平裂藻	*Merismopedia*	蓝藻门蓝藻纲色球藻目色球藻科平裂藻属
四边藻属	*Tetragoniella*	蓝藻门
刺孢胶刺藻	*Gloeotrichia echinulata*（J. E. Smith）P.Richter	蓝藻门蓝藻纲藻殖段目胶须藻科胶刺藻属
捏团粘球藻	*Gloeocapsa magma*（Breb.）Holl.	蓝藻门蓝藻纲色球藻目色球藻科粘球藻属
微小色球藻	*Chroococcus minutus*（Kütz.）Näg.	蓝藻门色球藻纲色球藻目色球藻科色球藻属
微囊藻	*Microcystis*	蓝藻门蓝藻纲色球藻目色球藻科微囊藻属
螺旋藻	*Spirulina princeps*（W. et G. S. West）G. S. West	蓝藻门蓝藻纲藻殖段目颤藻科螺旋藻属
螺旋鞘丝藻	*Lyngbya spirulinoides* Gom.	蓝藻门蓝藻纲藻殖段目颤藻科鞘丝藻属
小型色球藻	*Chroococcus minor*（Kütz.）Näg.	蓝藻门色球藻属
巨颤藻	*Oscillatoria princeps* Vauch.	蓝藻门蓝藻纲颤藻目颤藻科颤藻属
束丝藻	*Sirocoleus*	蓝藻门蓝藻纲念珠藻目念珠藻科
中华尖头藻	*Raphidiopsis sinensis* Jao	蓝藻门蓝藻纲色球藻目色球藻科尖头藻属
美丽颤藻	*Oscillatoria formosa* Bory	蓝藻门蓝藻纲段念珠藻目颤藻科颤藻属
窝形席藻	*Phormidium foveolarum*	蓝藻门蓝藻纲念珠藻目颤藻科席藻属
膝沟藻属	*Gonyaulax* Diesing	甲藻门甲藻纲横裂甲藻亚纲多甲藻目多甲藻亚目膝沟藻科膝沟藻属
角甲藻	*Ceratium hirundinella*（O.F.M.）Schr.	甲藻门甲藻纲横裂甲藻亚纲多甲藻目多甲藻亚目角藻科角藻属

续表

名称	拉丁文名称	分类
棱形裸藻	*Euglena* Ehrenberg	裸藻门
隐藻属	*Cryptomonas* sp.	隐藻门
具针刺棘藻	*Acanthoica quattrospina*	黄藻门
绿色黄丝藻	*Tribonema viride* Pasch.	黄藻门黄藻纲异丝藻目黄丝藻科黄丝藻属
螺旋弓形藻	*Schroederia spiralis*（Printz.）Korsch.	绿藻门绿藻纲绿球藻目小椿藻科弓形藻属
具齿角星鼓藻	*Staurastrum indentatum* W. et G. S. West	绿藻门绿藻纲中带藻目鼓藻科角星鼓藻属
曼弗角星鼓藻	*Staurastrum manfeldtii* Delp.	绿藻门绿藻纲中带藻目鼓藻科角星鼓藻属
镰形纤维藻	*Ankistrodesmus falcatus*（Cord.）Ralfs	绿藻门绿藻纲绿球藻目小球藻科纤维藻属
四角十字藻	*Crucigenia quadrata* Morr.	绿藻门绿藻纲绿球藻目栅藻科十字藻属
四尾栅藻	*Scenedesmus quadricauda*（Turp.）Breb.	绿藻门绿藻纲绿球藻目栅藻科栅藻属
并联藻	*Quadrigula chodatii*（Tanful.）G. M. Smith	绿藻门绿藻纲绿球藻目卵囊藻科并联藻属
盘星藻	*Pediastrum*	绿藻门绿藻纲绿球藻目水网藻科盘星藻属
月牙藻	*Selenastrum bibraianum* Reinsch.	绿藻门绿藻纲绿球藻目小球藻科月牙藻属
双射盘星藻	*Pediastrum biradiatum* Mey.	绿藻门绿藻纲绿球藻目水网藻科盘星藻属
弓形藻	*Schroederia setigera* Lemm.	绿藻门绿藻纲绿球藻目小椿藻科弓形藻属
翼膜藻属	*Pteromonas* Siligo.	绿藻门绿藻纲团藻目壳衣藻科翼膜藻属
衣藻属	*Chlamydomonas* Ehr.	绿藻门绿藻纲团藻目衣藻科衣藻属
空球藻属	*Eudorina* Ehr.	绿藻门绿藻纲团藻目团藻科空球藻属
角星鼓藻	*Staurastrum paradoxum* Mey.	绿藻门绿藻纲中带藻目鼓藻科角星鼓藻属
疏刺多芒藻	*Golenkinia paucispina* W. et G. S. West	绿藻门绿藻纲绿球藻目绿球藻科多芒藻属
单棘四星藻	*Tetrastrum hastiferum*（Arn.）Korsch.	绿藻门绿藻纲绿球藻目栅藻科四星藻属
锥形胶囊藻	*Gloeocystis planctonica*（W. et G. S. West）Lemm.	绿藻门绿藻纲四孢藻目四集藻科胶囊藻属
长刺根管藻	*Rhizosolenia longiseta*	硅藻门中心硅藻纲根管藻目根管藻科根管藻属
颗粒直链藻	*Melosira granulata*（Ehr.）Ralfs	硅藻门中心硅藻纲圆筛藻目圆筛藻科直链藻属
浮动弯角藻	*Eucampia zoodiacus* Ehrenberg	硅藻门弯角藻科弯角藻属
菱形藻	*Nitzschia dubia* W. Smith	硅藻门羽纹硅藻纲双菱藻目菱形藻科
刚毛根管藻	*Rhizosolenia setigera* Brightw.	硅藻门中心硅藻纲根管藻目根管藻科根管藻属

续表

名称	拉丁文名称	分类
布纹藻属	*Gyrosigma* Hassal	硅藻门羽纹硅藻纲双菱藻目菱形藻科布纹藻属
脆杆藻属	*Fragilaria* Lyngb.	硅藻门羽纹硅藻纲假壳目脆杆藻科
针杆藻属	*Synedra* Ehrenberg	硅藻门羽纹硅藻纲无壳缝目脆杆藻科

水库优势种为针状蓝纤维藻、窝形席藻、中华尖头藻、四尾栅藻和湖泊鞘丝藻。

经统计，山美水库浮游植物平均密度为 436.88×10⁴ 个/L，生物量为 2.98 mg/L。除大坝以硅藻为主，上游、大湾、九都和井角四个站位均以蓝藻为主；浮游植物生物量以九都最高，大坝次之，大湾浮游植物生物量最少，见图 2.3.39 和图 2.3.40。

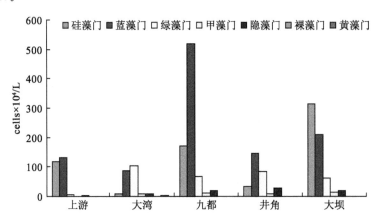

图 2.3.39　山美水库浮游植物分布图

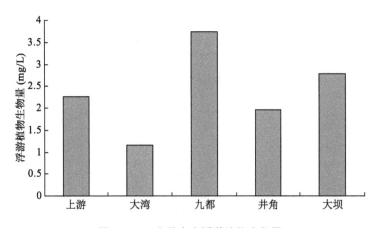

图 2.3.40　山美水库浮游植物生物量

② 浮游动物的组成及生物量

山美水库共有浮游动物 30 种,见表 2.3.10 和图 2.3.41。其中,原生动物 1 种占 3.3%、轮虫 16 种占53.3%、枝角类 7 种占23.3% 和桡足类 6 种占 20.0%。优势种为螺形龟甲轮虫和英勇剑水蚤。经计算,山美水库浮游动物平均密度为 350.477 3 个/L,生物量为 3.979 4 mg/L。山美水库浮游动物

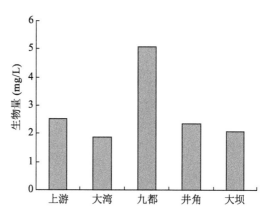

图 2.3.41 山美水库浮游动物生物量

生物量以九都最高,上游和井角随其后,大湾最少;除大湾以枝角类为主,上游、九都、井角和大坝四个站位皆以桡足类为主,九都轮虫量也较多。

表 2.3.10 山美水库浮游动物组成

名称	拉丁文名称	分类
圆钵砂壳虫	*Difflugia urceolata*	肉足纲表壳虫目砂壳科砂壳虫属
短尾秀体溞	*Diaphanosoma brachyurum*(Liéven)	甲壳纲鳃足亚纲双甲目枝角亚目仙达溞科秀体溞属
方形网纹溞	*Ceriodaphnia quadrangula*	甲壳纲鳃足亚纲双甲目枝角亚目溞科网纹溞属
长额象鼻溞	*Bosmina longirostris*(Muller, 1785)	甲壳纲枝角目象鼻溞科象鼻溞属
寡刺秀体溞	*Diaphanosoma pausispinosum*	甲壳纲鳃足亚纲双甲目枝角亚目仙达溞科秀体溞属
简弧象鼻溞	*Bosmina coregoni*	甲壳纲鳃足亚纲双甲目枝角亚目象鼻溞科象鼻溞属
平突船卵溞	*Scapholeberis mucronata*	甲壳纲鳃足亚纲双甲目枝角亚目溞科船卵溞属
吻状异尖额溞	*Disparalona rostrata*	甲壳纲鳃足亚纲双甲目枝角亚目盘肠溞科尖额溞属
三肢轮虫	*Filinia*	真轮虫亚纲单巢目簇轮亚目三肢轮虫科三肢轮虫属
针簇多肢轮虫	*Polyarthra trigla* Ehrenberg	真轮虫亚纲单巢目游泳亚目疣毛轮虫科多肢轮虫属
长三肢轮虫	*Filinia longiseta* Ehrenberg	真轮虫亚纲单巢目三肢轮虫科三肢轮虫属

名称	拉丁文名称	分类
真翅多肢轮虫	*Polyarthra euryptera*（Wierze tiski）	真轮虫亚纲单巢目游泳亚目疣毛轮虫科多肢轮虫属
小多肢轮虫	*Polyarthra minor*	真轮虫亚纲单巢目游泳亚目疣毛轮虫科多肢轮虫属
剪形臂尾轮虫	*Brachionus forficula*	真轮虫亚纲单巢目游泳亚目臂尾轮虫科臂尾轮虫属
镰状臂尾轮虫	*Brachionus falcatus*	真轮虫亚纲单巢目游泳亚目臂尾轮虫科臂尾轮虫属
萼花臂尾轮虫	*Brachionus calyciflorus* Pallas	真轮虫亚纲单巢目游泳亚目臂尾轮虫科臂尾轮虫属
壶状臂尾轮虫	*Brachionus urceus*	真轮虫亚纲单巢目游泳亚目臂尾轮虫科臂尾轮虫属
角突臂尾轮虫	*Brachionus angularis*	真轮虫亚纲单巢目游泳亚目臂尾轮虫科龟甲轮虫属
螺形龟甲轮虫	*Keratella cochlearis*	真轮虫亚纲单巢目游泳亚目臂尾轮虫科龟甲轮虫属
十指平甲轮虫	*Platyias puadricornis*	真轮虫亚纲单巢目游泳亚目臂尾轮虫科平甲轮虫属
曲腿龟甲轮虫	*Keratella valga*	真轮虫亚纲单巢目游泳亚目臂尾轮虫科龟甲轮虫属
暗小异尾轮虫	*Trichocerca pusilla*	真轮虫亚纲单巢目游泳亚目鼠轮虫科异尾轮虫属
纵长异尾轮虫	*Trichocerca elongata*	真轮虫亚纲单巢目游泳亚目鼠轮虫科异尾轮虫属
独角聚花轮虫	*Conochilus unicornis*	真轮虫亚纲单巢目游泳亚目聚花轮虫科聚花轮虫属
广布中剑水蚤	*Mesocyclops leuckarti*	颚足纲剑水蚤目剑水蚤科中剑水蚤属
无节幼体	Nauplius	
中华窄腹剑水蚤	*Limnoithona sinensis*	甲壳纲剑水蚤目长腹剑水蚤科窄腹剑水蚤属
汤匙华哲水蚤	*Sinocalanus dorrii*	甲壳纲哲水蚤目胸刺水蚤科华哲水蚤属
英勇剑水蚤	*Cyclops strennus*	甲壳纲剑水蚤目剑水蚤科剑水蚤属
美丽猛水蚤	*Nitocra lacustris*	甲壳纲猛水蚤目美丽猛水蚤属

（2）底栖动物

山美水库底栖动物主要包括蚊幼虫和水丝蚓，两大类现存量总平均密度为

265 个/m²,生物量 215.1 mg/m²,根据划分标准,底栖动物现存量为贫营养型。

（3）鱼类资源

根据山美水库已有鱼类资源调查资料可知,库区鱼类品种有 11 科 37 种,其中鲤科 22 种,占 59.46%,鳀科 4 种,占 10.81%,鳢科和鳗鲡科各 2 种;鳅科、丽鱼科、真鲈科、鲶科、青鳉科、合鳃科、银鱼科等各 1 种。库区常见经济鱼类有鳙、鲢、草、鲤、鲫、厚唇鱼、鲮、斑鳢、泥鳅、黄鳝、罗非鱼、鲦鱼、黄颡鱼、鳜、花鳗鲡等品种,见表 2.3.11。

表 2.3.11　山美水库鱼种类目录

科目	种名	学名
鲤科	草	*Ctenopharyngodon idellus*
	鲢	*Hypophthalmichthys molitrix*
	鳙	*Aristichthys nobilis*
	鲤	*Cyprinus carpio* Linnaeus
	鲫	*Carassius auratus*
	鲮	*Cirrhinus molitorella*
	团头鲂	*Megalobrama amblycephala*
	宽鳍	*Zacco platypus*
	赤眼鳟	*Squaliobarbus curriculus*
	麦穗鱼	*Pseudorasbora parva*
	侧条厚唇鱼	*Acrossocheihus（Lissochilichthys）parallens*
	半刺光唇鱼	*Acrossocheihus（Lissochilichthys）hemispinus*
	薄颌光唇鱼	*Acrossocheilus kreyenbergii*
	银鲴	*Xenocypris argentea* Günther
	翘嘴红鲌	*Erythroculter ilishaeformis*
	唇鱼骨	*Hemibarbus labeo*
	大眼华鳊	*Sinibrama macrops*
	圆吻鲴	*Distoechodon tumirostris* Peters
	细鳞斜颌鲴	*Plagiognathops microlepis*
	鲦鱼	*Hemiculter leucisculus*
	扁圆吻鲴	*Distoechodon compressus*
	棒花鱼	*Abbottina rivularis*
鳅科	泥鳅	*Misgurnus anguillicaudatus*

续表

科目	种名	学名
鲿科	斑鳠	*Hemibagrus guttatus*
	大鳍鳠	*Hemibagrus macropterus* Bleeker
	黄颡鱼	*Pelteobagrus fulvidraco*
	江黄颡鱼	*Pelteobagrus vachelli*
鲇科	鲇	*Silurus asotus* Linnaeus
青鳉科	青鳉	*Oryzias latipes*
鳢科	乌鳢	*Ophiocephalus argus*
	斑鳢	*Ophioce phlus maculatus*
合鳃科	黄鳝	*Monopterus albus*
真鲈科	鳜	*Siniperca chuatsi*
丽鱼科	尼罗罗非鱼	*Oreochromis niloticus*
鳗鲡科	日本鳗鲡	*Anguilla japonica*
	花鳗鲡	*Anguilla marmorata*
银鱼科	太湖新银鱼	*Neosalanx taihuensis*

从鱼类种类来看,山美水库库区鱼类的种类较之前少,结合当地渔政管理等部门的调查发现,在过去几十年里,山美水库的鱼类资源较为丰富,经常能捕获大的鱼类,青鳉、鳙、斑鳠、鳜和翘嘴红鲌等占一定比例。目前渔获物种为大型鱼类已经很少,而鲦鱼、沼虾等小型经济鱼类的比例呈上升趋势。

2.3.3.2 流域陆生生态现状

山美水库周边区域为五台山林场所环抱,全部规划为生态公益林,为山美水库的水源涵养、水土保持、防风固沙提供了基础保障,生态公益林总面积达33 499亩,森林总蓄积量为240 961 m³。

区域内植物种类可分为36科176种,上层地主要以种植杉木、松木、桉树、楠木、福建柏、木荷等乔木树种为主,下层地植被资源丰富,种类繁多,主要有芒萁骨、菅茅、五节芒、桃金娘、野牡丹、继木等60多个种类,经济林树种主要有柑桔、茶叶、龙眼、荔枝、胡柚、佛手、橄榄、枇杷等10多个种类。该区域生物多样性指数较高。

全区域野生动物中国家Ⅰ、Ⅱ级保护动物有云豹、穿山甲、蟒蛇、小隼、苏门羚等10多个种类。其余均是常见的兔类、鼠类、蛇类和鸟类。

2.4　流域生态环境主要问题识别与成因分析

2.4.1　问题识别

（1）饮用水源地保护有待加强

目前，流域内饮用水源地水质自动实时监测能力缺乏，水源地水质变化趋势不能及时、全面、准确地掌握，流域居民饮用水安全得不到保障。同时，饮用水源保护区内未设置界碑、公示牌、警示标志和隔离设施，且保护区内均未设置视频监控设施，无法进行实时监控，水源地内排放污水和倾倒垃圾现象时有发生，直接影响水源地水质，因此急需加强饮用水源地的监管力度，强化饮用水源保护区综合整治，制定饮用水源突发污染事件的应急预案，切实落实好应急处理措施，确保人民群众的饮水安全。

（2）水库水质下降趋势明显，危及用水安全

目前，水库水质总体情况良好，但呈下降的趋势。2009—2012年水质监测结果表明，水库水体中除了总氮、总磷指标外，其他水质指标均能满足Ⅱ类水质标准，总磷和总氮浓度呈上升趋势，水质类别分别处于Ⅱ至Ⅲ类和Ⅴ类，不能满足Ⅱ类水质标准。近4年来，水库高锰酸盐指数、总磷、总氮、叶绿素 a 等指标分别从 2.18 mg/L、0.022 mg/L、2.23 mg/L 和 2.76 mg/L 上升到 2.27 mg/L、0.032 mg/L、2.48 mg/L 和 5.05 mg/L，水质呈下降趋势，如不及时采取措施，将危及水库下游地区人民群众的用水安全。

（3）流域内源污染严重

流域内污水处理设施缺乏，大部分城镇生活污水和农村生活污水未经处理或仅作简单处理就直接排入桃溪和湖洋溪及其支流，同时两岸居民长期向水体倾倒垃圾，导致河床淤积严重，淤泥中氮、磷污染严重。2011年现状监测结果显示，桃溪淤泥中总氮平均含量为 1 204 mg/kg，最高达到 1 456 mg/kg；总磷平均含量为 1 007 mg/kg，最高达到 1 085 mg/kg。

同时，山美水库底泥污染严重，2011年现状监测结果显示，水库沉积物总氮

含量均超过 1 200 mg/kg,最高达到 2 300 mg/kg;总磷含量均超过 900 mg/kg,最高达到 2 000 mg/kg。水库底泥沉积物为水库水体污染的内源,在条件发生变化时,底泥与水体中物质能量发生交换,沉积物中的氮和磷等污染物可能出现解析,将对水库水体产生影响,具有一定的潜在风险。

(4)生活污水处理能力较低

流域内目前仅永春县城和德化县城各有一座污水处理厂,其他乡镇绝大部分生活污水未经处理或仅作简单处理就直接排入桃溪和湖洋溪及其支流,而后流入山美水库。这种现象随着城镇化水平的快速提高,城镇人口规模的不断扩大以及生活方式的改变,流入山美水库的生活污水量不断增大,造成水体中 COD、氨氮等指标呈逐年增加趋势。

随着流域内农村经济的发展和人口增长,农村生活污水越来越多,生活污水污染问题也日益突出。由于农村经济条件差,污水收集和处理都存在一定困难,大部分生活污水直接排入附近沟渠和水体,最终进入山美水库,影响水库水源水质。

(5)入库河流污染严重

流域内大部分生活污水未经处理或仅作简单处理就直接排入环境,造成主要入库河流污染严重。2011 年现状监测结果显示,桃溪的蓬壶镇下游、永春县城下游和东平镇下游断面水质污染超标严重,出现劣 V 类水质现象,主要超标因子为高锰酸盐指数、氨氮和总氮。湖洋溪也出现水质超标现象,主要超标因子为高锰酸盐指数、总氮和氨氮。与 2006 年水质监测结果对比,湖洋溪水质不断恶化,由原先达到功能要求的 II 类水质降到劣 V 类。

(6)流域内生活垃圾污染严重

流域内各城镇经济尚不发达,城镇化水平较低,城乡环境基础设施不够完善,城乡生活垃圾收集处理设施简陋。除永春县城和德化县城具有比较完善的垃圾收运处理系统和规范的生活垃圾卫生填埋场外,其他乡镇仅对乡镇区域垃圾收集点进行清运。

目前流域大多数农村的生活垃圾还没有得到妥善的处理,部分村庄设有垃圾收集箱和垃圾收集池,但没有管理并及时清运,垃圾都在垃圾收集箱外。部分农村并没有垃圾收集点,大量垃圾随意倾倒堆放,桃溪沿岸部分村庄虽在近年建设了部分垃圾房,但是清运不及时,后续处理不规范,大部分垃圾露天堆放,部分生活垃圾沿桃溪两岸乱堆乱放,垃圾中大量有毒有害物质经雨水冲刷、河水浸泡、洪水席卷直接进入水体,最终进入山美水库,严重影响水源水质。

(7)流域内面源污染严重

流域内桃溪、湖洋溪及其支流两岸农田、水浇地及旱地分布较为广泛,由于农药化肥的过度施用,加之农田水利系统现状相对较差,田埂规格较低,在降水的作用下,各种农药、化肥及其他营养物质随农田排水及地表径流进入河道。同时,由于长期受到工业和生活污水污染,附近居民乱倒垃圾,导致桃溪、湖洋溪及其支流水质下降,总氮等指标出现超标。

(8)生态环境遭受破坏,水土流失严重

流域内农业活动频繁,加上不合理利用森林资源,乱砍滥伐,植被大量破坏,导致地表裸露,土壤蓄水保土能力下降,水土流失越发严重。水土流失强度以轻、中度为主,占水土流失总面积的87.8%。受亚热带季风气候的影响,流域降雨集中且强度较大,水土流失类型以水力侵蚀为主,部分区域有崩岗发育,主要水土流失形式为面蚀和沟蚀。

流域大部分果园分布在海拔200～500 m范围的丘陵地带,且部分果园分布在陡坡地上,水土流失较为严重。随着城镇沿河流两岸带状扩张,因城镇建设、公路建设等生产建设项目造成的水土流失越来越严重。同时受地形、土壤等因素影响,部分区域崩岗发育,使得流域内水土流失潜在危害较大。

(9)水库生态系统退化,自然库滨带亟需修复

由于山美水库水体总氮等污染物的超标及富营养化问题,导致其达不到饮用水标准,饮用水服务功能退化。水库入库河口河道淤泥淤积,夏季水葫芦泛滥,导致水质恶化,影响了河道的正常功能。水库生产力的下降,生物多样性和生物量减少,尤其是水生植物种类和生物量锐减,一定程度上降低了水库对污染物质的自净能力。

库滨带对整个水库生态系统的保护起着重要的作用。山美水库库滨带多为陡岸型库滨带,生态条件较差,且库区水位变化较大,消浪作用小,基底亦受到侵蚀,生态系统破坏严重,亟待系统修复。部分缓坡型库滨带有一定植被覆盖,但优

势物种较为单一,生态系统缺乏稳定性,缺乏完善的修复、管理,因此需加强管理维护,提高生物多样性和生态功能。

(10)流域内环境基础研究薄弱

由于山美水库的基础研究较少,缺乏系统的监测,特别是对水库的生态调查与评估缺乏,无法对水库的生态服务功能、生态灾变、水生生态系统安全等开展评估,亟待全面系统地组织对全流域的生态环境进行调查与研究。同时流域内水环境监测站缺乏,亟需优化流域内监测点位布设,加强环境监测能力建设,提高生态监测能力,形成有效的水环境监测体系。

2.4.2 成因分析

(1)经济结构不合理

山美水库流域内三产比例为 9.0∶50.5∶40.5,产业结构不合理,第二产业比例偏高,第三产业比例偏低,比例不协调。农业以果茶经济作物种植为主,化肥施用量较大,有机肥施用量少,科技含量低,生态农业建设缓慢;养殖业废弃物利用程度低,达不到生态养殖模式要求。

(2)面源污染治理难度大

山美水库流域分布着近 200 个自然村,居住着 44.2 万农业人口,占流域总人口的 70%,农村污染源分散量大,治理难度高。农村生活污水和生活垃圾排放分散,难以进行统一收集处理,同时随着农村居民生活水平的提高,农村生活污水和生活垃圾的排放量及污染物总量不断增加。农业生产污染、畜禽养殖等农村面源污染受到的影响因素多,难以控制,大量的农村污染物直接进入水体,造成主要入库河流桃溪、湖洋溪及其支流水质下降,最终影响水库水质。

(3)污染治理设施建设滞后

山美水库流域内污水收集处理设施建设相对滞后。目前仅永春县城和德化县城各建有 1 座污水处理厂,污水管网覆盖面窄,大部分乡镇生活污水仅作简单处理就直接排放。流域内水环境综合整治效果不明显,目前仅规划了桃溪水环境综合整治项目。近年来,虽然制定了针对水库总氮超标的污染治理综合整治方案,但目前这些项目大部分还处于实施阶段,效果尚未显现。

（4）群众环保意识薄弱

山美水库流域内部分群众的环境意识薄弱，对区域的生态保护功能认识不足，导致个别干部、群众为了发展经济，盲目从事不合理的生产活动，对生态环境造成破坏。

3 流域污染物总量控制方案

3.1 山美水库流域水环境数学模型建立

利用 MIKE11 模型系统中的 HD 模块、对流扩散模块（AD）构建山美水库流域内河网一维水量水质模型。MIKE11 是丹麦水力研究所（DHI）开发的一维河流模型系统，得到国际水利研究部门的普遍认可，并在国内外获得广泛应用。

3.1.1 一维水动力模型

（1）方程介绍

HD 模块是基于描述简单明渠非恒定渐变流运动规律的圣维南方程组建立，包括反映动量守恒定律的运动方程和反映质量守恒定律的连续性方程：

$$\frac{\partial A}{\partial t} + \frac{\partial Q}{\partial x} = q \tag{3.1.1}$$

$$\frac{\partial Q}{\partial t} + \frac{\partial}{\partial x}(aQ^2/A) + Ag\frac{\partial Z}{\partial x} + g\frac{Q|Q|}{C_k^2 R_h A} = 0 \tag{3.1.2}$$

式中：Q 为河道内任意断面的流量（m³/s）；Z 为水位（m）；A 为断面面积（m²）；g 为重力加速度（m/s²）；q 为旁侧入流流量（m³/s）；R_h 为水力半径（m）；C_k 为谢才系数（m$^{1/2}$/s）；a 为动量校正系数；x、t 分别为距离与时间的坐标。

（2）河网节点连接条件

水流运动在河网各节点上应满足质量守恒及能量守恒，即满足以下两个连接条件：质量、能量守恒条件。

质量守恒条件——也称为流量连接条件，即进出某一节点的流量与该节点内水量蓄量的增减相平衡，定量表示为：

$$\sum_{i=1}^{m} Q_i = (\Omega_K^{i+1} - \Omega_K^i)/\Delta t \tag{3.1.3}$$

式中：K 为节点编号；m 为流入（流出）第 K 个节点的河道数量；Ω_K 为节点蓄量；Q_i 为第 i 条河道流入节点的流量。

若节点汇合区容积与子河段容积相比可忽略不计，则此节点称为无调蓄节点，否则称为调蓄节点。对于无调蓄节点，方程可简化为：

$$\sum_{i=1}^{m} Q_i = 0 \tag{3.1.4}$$

能量守恒条件——不计节点汇合处的能量损失，节点水位与汇集于节点的各河道相邻断面的水位之间满足能量守恒约束——伯努利方程。对于一个有 m 个相邻河道的节点可近似表示为：

$$Z_i = Z_j, \ i = 1, 2, \cdots, m, \ j = 1, 2, \cdots, m \tag{3.1.5}$$

（3）方程组的离散

利用 *Abbott* 六点隐式差分格式求解圣维南方程，在每一个网格节点按顺序交替计算水位和流量。该格式为无条件稳定，可以在相当大的 *Courant* 数下保持计算稳定，因此可以取较长的时间步长以节省模型运算时间。

（4）定解条件

定解条件为水流的初值与边界值，具体如下：

水流初始条件：$t=0$，$Z(x, t) = Z(x, 0)$，$Q(x, t) = Q(x, 0)$。

边界条件：当 $x=0$ 时，$Z(x, t) = Z(0, t)$，当 $x=L$ 时，$Z(x, t) = Z(L, t)$。

3.1.2 一维水质模型

（1）基本方程

对流扩散模块主要用于模拟物质在水体中的传输扩散过程，其基本假定是：物质在断面上完全混合、物质守恒或符合一级反应动力学（即线性衰减）、扩散作用符合 Fick 扩散定律，即扩散与浓度梯度成正比。一维对流扩散方程写为：

$$\frac{\partial AC}{\partial t} + \frac{\partial QC}{\partial x} - \frac{\partial}{\partial x}\left(AD\frac{\partial C}{\partial x}\right) = -AK_1C + C_2q \tag{3.1.6}$$

式中：x、t 分别为空间坐标(m)和时间坐标(s)；C 为物质浓度(mg/L)；D 为纵向扩散系数(m^2/s)；A 是横断面面积(m^2)；q 为旁侧入流流量(m^3/s)；C_2为源/汇浓度(mg/L)；K_1为衰减系数(1/d)。

(2) 节点连接条件

在河网中，对充分混合的节点，认为流出该节点的各断面的污染物浓度相同，可得如下节点连接方程：

$$\sum_{i=1}^{n} (QC)_{i,j} = \frac{d(C\Omega)_j}{\Delta t} - S_j \tag{3.1.7}$$

式中：$i=1, 2, 3, \cdots, n-1, n$，表示与节点 j 相连的河道数；$j=1, 2, 3, \cdots, m-1, m$，表示节点数；$\Omega$ 为节点的蓄量，对于非调蓄节点，节点的调蓄量可忽略，$\Omega=0$；S_j 表示节点污染源加入项。

(3) 模型求解

采用时间和空间中心隐式差分格式离散对流扩散方程离散，对上述微分方程组进行数值求解。

3.1.3 流域水环境数学模型构建

3.1.3.1 流域河网概化

山美水库流域内主要河流有桃溪和湖洋溪等，其中桃溪流经永春呈祥、锦斗、蓬壶、桃城、东平等 8 个乡镇，出东关入山美水库，主要支流有壶东溪、延清溪、达理溪和高垄溪等；湖洋溪发源于德化县境内，由双坑入永春，主要支流有锦溪、介福溪、外山溪等。

建立模型时需对天然河道进行合并、概化，概化河道为水平底坡、梯形断面，概化断面用底高、底宽和边坡三要素来描述。概化时将主要的输水河道纳入计算范围，将次要的河道和水体根据等效原理，归并为单一河道和节点，使概化前后河道的输水能力相等、调蓄能力不变。当这些次要的平行河道具有断面资料，且首末节点相同时，可以用水力学的方法，根据过水能力相同的原理，求得合并概化河道的断面参数。因此，本研究以桃溪和湖洋溪等主干河道为基础，对山美水库流域进行了河流概化，主要包括桃溪、湖洋溪、壶东溪、延清溪、达理溪、高垄溪、锦溪、介福溪、外山溪等河流，具体见图 3.1.1。

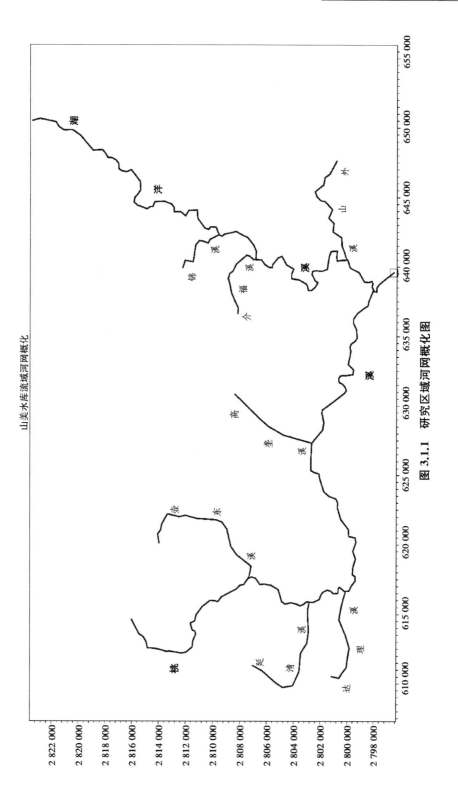

图 3.1.1　研究区域河网概化图

3.1.3.2　边界条件

本次构建的水环境数学模型设 8 个计算边界,其中上边界 7 个,下边界 1 个,上边界条件采用流量过程,下边界条件采用水位过程。

3.2　流域纳污能力计算

3.2.1　纳污能力概念

水环境纳污能力是指在保持水环境功能用途的前提下,受纳水体所能承受的最大污染物排放量,或者在给定的水质目标和水文设计条件下,水域的最大容许纳污量,也就是水环境容量。影响水体纳污能力的因素很多,概括起来主要有以下四个方面:水域特征、环境功能要求、污染物性质、排污方式。

3.2.2　纳污能力计算模型

(1) 基于零维水质模型的河流水环境纳污能力计算模型

按照污染物降解机理,水环境纳污能力即水环境容量可划分为稀释容量、自净容量和输移容量三部分。稀释容量是指在给定水域当来水污染物浓度低于出水水质目标时,依靠稀释作用达到水质目标所承纳的污染物数量。自净容量是指由于沉降、生化、吸附等物理、化学和生物作用,给定水域所能降解的污染物数量。输移容量是指通过弥散、扩散作用所能消减的污染物数量,在零维状态下,可忽略污染物弥散、扩散作用。因此,水体纳污能力主要由自净容量和稀释容量两部分组成,其计算公式如下:

$$W = Q_0(C_S - C_0) + KVC_S \tag{3.2.1}$$

式中:W 为纳污能力(t/a);Q_0、C_0 为进口断面的入流流量(m^3/s)和水质浓度(mg/L);C_S 为该水体的水质目标浓度(mg/L);V 为水体体积(m^3);K 为水质降解系数。

当同一水体有不同功能区划时,则纳污能力的计算公式为:

$$W = \sum_{i=1}^{n} \left[Q_{0i} \cdot (C_{si} - C_{0i}) + K_i \cdot V_i \cdot C_{si} \right] \qquad (3.2.2)$$

式中：C_{si} 为不同功能区的水质标准；$i = 1, 2, 3, \cdots, n$；K_i 为不同功能区的降解系数；V_i 为不同功能区的水体体积（m^3）。

（2）基于一维水质模型的河流水环境纳污能力计算模型

对宽深比不大的河流，污染物能在较短河段内在断面上混合均匀，污染物浓度横向变化不大，可用一维水质模型模拟污染物沿河流纵向的输移过程。通常情况下入河排污口不规则地分布于河段的不同断面，过水断面污染物浓度由各入河排污口产生的浓度贡献值叠加而成，将入河排污口在河段内的分布加以概化。

基于一维水质模型的水环境纳污能力计算公式如下：

$$W = \left\{ Q_0 C_s \exp\left(\frac{k}{86\,400u} x \right) - Q_0 C_0 \right\} 86.4 \qquad (3.2.3)$$

式中：W 为纳污能力（t/a）；u 为流速（m/s）；C_S 为水质目标浓度（mg/L）；k 为降解系数；x 为河长（m）；Q_0 为上游来水流量（m^3/s）；C_0 为上游来水水质（mg/L）。

（3）排污口概化

计算中，将相近的多个排污口简化成集中的排污口，排污口概化的重新计算公式如下：

$$X = \frac{\sum_{i=1}^{n} (Q_i \cdot C_i \cdot X_i)}{\sum_{i=1}^{n} (Q_i \cdot C_i)} \qquad (3.2.4)$$

式中：X 为概化的排污口到功能区划下断面或控制断面的距离（m）；Q_i 为第 i 个排污口的水量（m^3）；X_i 为第 i 个排污口到功能区划下断面的距离（m）；C_i 为第 i 个排污口的污染物浓度（mg/L）。

（4）不均匀系数求取

由于污染物质很难在水体中达到完全均匀混合，故对于上述公式计算出来的水环境容量值要进行不均匀系数订正。一般河流越宽、不均匀系数越小;水面面积越大,不均匀系数越小。根据相关研究成果,一般性河流的不均匀系数取值范围见表3.2.1。

表3.2.1　一般性河流的不均匀系数取值范围表

河宽(m)	不均匀系数	河宽（m）	不均匀系数
<30	0.7~1.0	200~500	0.3~0.4
30~100	0.5~0.7	500~800	0.3
100~200	0.4~0.6	>800	0.1~0.3

（5）水质降解系数

根据研究区域情况选择 COD、氨氮、总氮和总磷为控制指标。参考国内外水质降解系数的研究成果和《福建省主要河流典型水域纳污能力研究》,根据区域的具体情况,确定水体中 COD、氨氮、总氮和总磷的降解系数,其中 COD 降解系数为 0.12~0.18/d、氨氮降解系数为 0.10~0.15/d、总磷降解系数为 0.08~0.13/d、总氮降解系数为 0.10~0.15/d。

（6）计算原则

① 为加强山美水库水源地保护,山美水库库区水域不进行纳污能力计算。

② 对于没有径流量的水环境功能区或河流,不进行本水域的纳污能力计算,但是将该排污河道作为下游功能区划水域的支流进行处理,要满足下游水环境功能区划要求。

③ 根据水源地保护管理规定,在取水口附近应设置保护区。在本次纳污能力计算中,对于保护区不进行纳污能力计算,规定每个水源地不进行纳污能力计算的范围为上下游1 km。

④ 水文设计条件取90%保证率的典型年进行计算。

⑤ 为保证桃溪和湖洋溪汇合处的控制断面满足水环境功能要求,桃溪东平—东关段水域不考虑其纳污能力。

3.2.3　设计水文条件确定

（1）求取方法

根据长序列降雨量资料推求不同水文保证率的典型年,利用所建立的水环境数学模型对各计算河网(或河道区)各河段的设计水文条件进行计算,得到各水环境功能区的设计水文条件。

(2)水文条件确定

根据山美水库流域内山美水库、嵩山、锦溪、蓬壶、延清、达中、大卿、天马、永春、湖洋、黄栏、紫美、洋上、外山、外碧和东关 16 个雨量站 1973—2008 年降雨资料,选取雨量站长序列降雨资料进行统计分析,见表 3.2.2。

表 3.2.2　1973—2008 年山美水库流域降水量统计表

序号	年份	降雨(mm)	$P=m/(n+1)100\%$
1	1990	2 421.1	2.70
2	1997	2 295.1	5.41
3	2006	2 278.9	8.11
4	2000	2 206.7	10.81
5	1975	2 137.5	13.51
6	1994	2 091.6	16.22
7	1973	2 061.2	18.92
8	1983	2 000.1	21.62
9	1998	1 949.8	24.32
10	1988	1 931.1	27.03
11	1992	1 891.0	29.73
12	2005	1 858.7	32.43
13	1984	1 847.0	35.14
14	1996	1 843.2	37.84
15	1985	1 835.0	40.54
16	1993	1 821.0	43.24
17	1976	1 815.6	45.95
18	2007	1 758.2	48.65

序号	年份	降雨(mm)	$P=m/(n+1)100\%$
19	2002	1 753.1	51.35
20	1987	1 747.9	54.05
21	2001	1 736.6	56.76
22	1980	1 715.4	59.46
23	1979	1 688.5	62.16
24	1974	1 637.4	64.86
25	1986	1 631.1	67.57
26	1978	1 625.0	70.27
27	1999	1 611.5	72.97
28	1981	1 600.9	75.68
29	2008	1 574.1	78.38
30	1977	1 573.5	81.08
31	1989	1 486.6	83.78
32	1982	1 459.2	86.49
33	1995	1 446.5	89.19
34	1991	1 421.3	91.89
35	2003	1 381.7	94.59
36	2004	1 371.0	97.30

从表可见：1991 年山美水库流域的设计保证率为 91.89%，综合考虑其他因素，最终确定 1991 年的枯水保证率为 90%。

3.2.4 流域水功能区划

水功能区划按照福建省人民政府确定的分类系统执行，分为一级区划和二级区划。

水功能一级区划主要是从流域层面上对水资源开发利用和保护进行总体控制，确定流域整体宏观布局，协调地区间用水关系，长远上考虑可持续发展的需求，对二级功能区的划分具有宏观指导作用。水功能一级区划分为四类，即保护区、保留区、开发利用区、缓冲区。

水功能二级区划是在一级区划的控制下,对开发利用区水域,根据多种用途和保护目标,再细分为饮用水源区、工业用水区、农业用水区、渔业用水区、景观娱乐用水区、过渡区、排污控制区七类,为科学合理地开发利用和保护水资源提供依据,主要协调地区内部用水部门之间的关系。

山美水库流域水功能区划的水质目标见图3.2.1,一级功能区划见表3.2.3,二级功能区划见表3.2.4。

表 3.2.3　山美水库流域水功能一级区划表

功能区名称	河流段	起始断面位置	终止断面位置	长度(km)	现状水质	水质目标
桃溪永春保留区	桃溪	源头	蓬壶镇	18	Ⅳ	Ⅱ
桃溪永春开发利用区	桃溪	蓬壶镇	东平镇	37	Ⅳ	按二级区划执行
桃溪永春缓冲区	桃溪	东平镇	东美(与湖洋溪汇合口处)	6	Ⅳ	Ⅱ
湖洋溪永春保护区	湖洋溪	源头	原永春第二自来水厂取水口上游 1 000 m	31.1	劣Ⅴ	Ⅱ
		原永春第二自来水厂取水口上游 1 000 m	原永春第二自来水厂取水口下游 100 m	18.7	劣Ⅴ	Ⅱ
		原永春第二自来水厂取水口下游 100 m	山美水库坝址	—	劣Ⅴ	Ⅱ

表 3.2.4　山美水库流域水功能二级区划表

功能区名称	河流段	起始断面位置	终止断面位置	长度(km)	功能排序	现状水质	水质目标
桃溪永春农业用水区	桃溪	蓬壶镇	达埔镇	11	农业、工业	Ⅳ	Ⅲ
桃溪永春饮用水源区	桃溪	达埔镇	原永春县自来水厂上游 1 000 m	11.6	饮用、工业	Ⅳ	Ⅲ
水源地保护区	桃溪	原永春县自来水厂上游 1 000 m	原永春县自来水厂下游 100 m	1.1	—	Ⅲ	Ⅱ
桃溪永春工业用水区	桃溪	原永春县自来水厂下游 100 m	东平镇	14.4	工业、景观娱乐	Ⅳ	Ⅲ

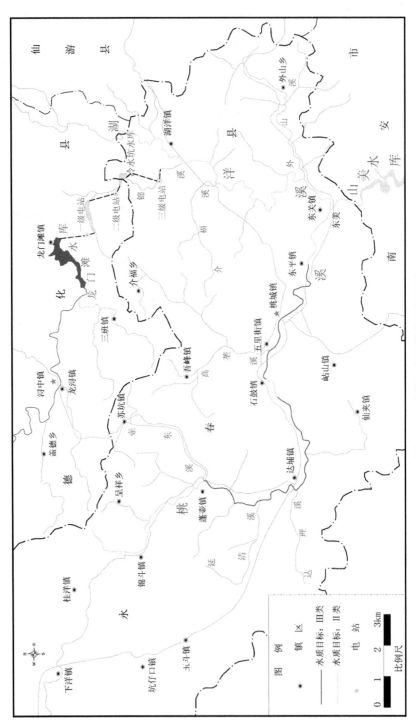

图 3.2.1　山美水库流域水功能区划

3.2.5 纳污能力计算结果

根据上述纳污能力计算方法、设计水文条件和水环境功能区划等条件,计算得到山美水库流域主要河道的纳污能力,计算成果详见表 3.2.5。

表 3.2.5 山美水库流域主要河道纳污能力计算成果表

| 河名 | 河段起止 | 90%保证率下水域纳污能力(t/a) | | | |
		COD	总磷	氨氮	总氮
桃溪	源头—蓬壶镇	90.89	2.16	12.45	13.52
	蓬壶镇—达埔镇	505.76	6.58	32.39	34.13
	达埔镇—石鼓镇	412.30	4.21	20.29	21.32
	石鼓镇—五里街镇	130.25	1.38	5.94	6.12
	五里街镇—桃城镇	179.99	3.35	18.66	19.51
	桃城镇—东平镇	492.70	5.02	25.42	26.15
	合计	1 811.89	22.70	115.15	120.75
湖洋溪	仙游永春县界—锦溪入口	35.73	0.33	1.70	1.87
	锦溪入口—介福溪入口	559.61	5.12	24.27	25.70
	介福溪入口—外山溪入口	112.12	1.13	5.16	5.35
	外山溪入口—东美	61.52	0.61	2.62	2.79
	合计	768.98	7.19	33.75	35.71

由表可知,桃溪水体 COD、氨氮、总氮和总磷的纳污能力分别为 1 811.89 t/a、115.15 t/a、120.75 t/a 和 22.70 t/a;湖洋溪水体 COD、氨氮、总氮和总磷的纳污能力分别为 768.98 t/a、33.75 t/a、35.71 t/a 和 7.19 t/a。

3.3 流域污染负荷预测分析

3.3.1 工业废水污染负荷预测

流域内工业废水污染负荷计算参考《永春县"十二五"环境保护与生态环境建设规划》,规划中提出自 2011 年到 2015 年,COD、氨氮排放量分别比 2010 年减少

8.1％和10.3％。参考上述指标,确定流域内工业废水污染物排放量每年削减1.8％,按此计算流域内工业废水污染负荷,结果见表3.3.1。

表3.3.1　流域内工业废水污染负荷预测

| 县域 | 工业 | 污染物排放量(t/a) | | | |
		COD	氨氮	总氮	总磷
永春县	桃城镇	49.04	3.41	4.72	1.80
	五里街镇	0.96	0	0	0
	蓬壶镇	4.01	0.28	0.51	0.28
	达埔镇	113.45	5.38	6.62	2.72
	石鼓镇	175.44	113.64	136.37	0.61
	东平镇	8.92	0.35	0.39	0.24
	介福乡	1.51	0.10	0.12	0.11
合计		353.33	123.16	148.73	5.76

3.3.2　生活污水污染负荷预测

3.3.2.1　人口预测

2017年总人口以统计年鉴中2011年各乡镇统计年鉴人口数为基数,通过年均人口综合增长率预测各乡镇规划期总人口数量。城镇人口根据各乡镇总体规划中确定的城镇化速度(城镇化比例年均提高1.7个百分点)递增,规划期城镇人口＝规划期总人口×规划期城镇化比例,然后由总人口减去城镇人口得到农村人口。

根据流域内各乡镇总体规划确定各乡镇的年均人口综合增长率见表3.3.2,各乡镇人口预测结果见表3.3.3。

表3.3.2　流域内各乡镇年均人口综合增长率

序号	乡镇	人口综合增长率(‰)
1	桃城镇、五里街镇、石鼓镇、东平镇	7.88
2	蓬壶镇、达埔镇、九都镇	5
3	锦斗镇、苏坑镇、吾峰镇、呈祥乡、东关镇、仙夹镇	4
4	外山乡、湖洋镇、介福乡	3.5

表 3.3.3 2017 年流域内各乡镇人口预测结果

县域	乡镇	人口总数(人)	城镇人口(人)	农村人口(人)
永春县	桃城镇	67 498	59 294	8 204
	五里街镇	33 600	22 881	10 719
	蓬壶镇	70 802	7 648	63 154
	达埔镇	76 456	6 313	70 143
	吾峰镇	20 618	3 428	17 190
	石鼓镇	36 219	15 853	20 366
	东平镇	19 950	3 449	16 501
	锦斗镇	17 209	6 701	10 508
	呈祥乡	8 915	0	8 915
	苏坑镇	16 036	4 802	11 234
	仙夹镇	15 037	3 915	11 122
	东关镇	15 009	3 898	11 111
	湖洋镇	43 533	4 980	38 553
	介福乡	9 667	0	9 667
	外山乡	6 722	0	6 722
南安市	九都镇	16 790	1 681	15 109
合计		474 061	144 843	329 218

3.3.2.2 城镇生活污水污染负荷预测

由于人们生活习惯在一定时期内变化不大,生活污水中污染物浓度在一定时期内具有相对稳定性,可以认为 2017 年流域内人均产污量维持现状不变,据此计算 2017 年流域内城镇生活污水及其污染物的排放量,计算结果见表 3.3.4。

表 3.3.4 2017 年流域内城镇生活污水污染负荷预测

县域	乡镇	城镇人口(人)	城镇生活污水(万 t)	污染物排放量(t/a)			
				COD	氨氮	总氮	总磷
永春县	桃城镇	59 294	367.92	1 298.54	108.21	194.78	25.97
	五里街镇	22 881	141.98	501.09	41.76	75.16	10.02
	蓬壶镇	7 648	47.46	167.49	13.96	25.12	3.35
	达埔镇	6 313	39.17	138.25	11.52	20.74	2.77
	吾峰镇	3 428	21.27	75.07	6.26	11.26	1.50
	石鼓镇	15 853	98.37	347.18	28.93	52.08	6.94

续表

县域	乡镇	城镇人口（人）	城镇生活污水（万 t）	污染物排放量（t/a）			
				COD	氨氮	总氮	总磷
永春县	东平镇	3 449	21.40	75.53	6.29	11.33	1.51
	锦斗镇	6 701	41.58	146.75	12.23	22.01	2.94
	苏坑镇	4 802	29.80	105.16	8.76	15.77	2.10
	仙夹镇	3 915	24.29	85.74	7.14	12.86	1.71
	东关镇	3 898	24.19	85.37	7.11	12.80	1.71
	湖洋镇	4 980	30.90	109.06	9.09	16.36	2.18
南安市	九都镇	1 681	10.43	36.81	3.07	5.52	0.74
合计		144 843	898.76	3 172.04	264.33	475.79	63.44

3.3.2.3 农村生活污水污染负荷预测

2017 年流域内农村生活人均产污量维持现状不变，据此计算 2017 年流域内农村生活污水及其污染物的排放量，计算结果见表 3.3.5。

表 3.3.5 2017 年流域内农村生活污水污染负荷预测

县域	乡镇	农村人口（人）	常住人口（人）	农村生活污水（万 t）	污染物排放量（t/a）			
					COD	氨氮	总氮	总磷
永春县	桃城镇	8 204	6 405	16.83	38.34	9.35	11.69	1.03
	五里街镇	10 719	7 922	20.82	47.42	11.57	14.46	1.27
	蓬壶镇	63 154	46 269	121.59	276.97	67.55	84.44	7.43
	达埔镇	70 143	41 859	110.01	250.57	61.11	76.39	6.72
	吾峰镇	17 190	13 801	36.27	82.61	20.15	25.19	2.22
	石鼓镇	20 366	15 906	41.80	95.21	23.22	29.03	2.55
	东平镇	16 501	12 308	32.35	73.68	17.97	22.46	1.98
	锦斗镇	10 508	7 664	20.14	45.88	11.19	13.99	1.23
	呈祥乡	8 915	7 141	18.77	42.75	10.43	13.03	1.15
	苏坑镇	11 234	9 602	25.23	57.48	14.02	17.52	1.54
	仙夹镇	11 122	8 870	23.31	53.10	12.95	16.19	1.42
	东关镇	11 111	7 882	20.71	47.18	11.51	14.38	1.27
	湖洋镇	38 553	29 461	77.42	176.35	43.01	53.77	4.73
	介福乡	9 667	5 698	14.97	34.11	8.32	10.40	0.92
	外山乡	6 722	3 476	9.13	20.81	5.07	6.34	0.56
南安市	九都镇	15 109	11 022	28.97	65.98	16.09	20.12	1.77
合计		329 218	235 286	618.32	1 408.44	343.51	429.40	37.79

3.3.3　农村生活垃圾污染负荷预测

2017 年流域内农村生活垃圾人均产生量维持现状不变,据此计算 2017 年流域内农村生活垃圾污染负荷,计算结果见表 3.3.6。

表 3.3.6　2017 年农村生活垃圾污染负荷预测

县域	乡镇	农村人口（人）	常住人口（人）	生活垃圾（t）	污染物排放量(t/a)			
					COD	氨氮	总氮	总磷
永春县	桃城镇	8 204	6 405	724.73	39.86	5.87	10.15	2.03
	五里街镇	10 719	7 922	896.37	49.30	7.26	12.55	2.51
	蓬壶镇	63 154	46 269	5 235.34	287.94	42.41	73.29	14.66
	达埔镇	70 143	41 859	4 736.35	260.50	38.36	66.31	13.26
	吾峰镇	17 190	13 801	1 561.58	85.89	12.65	21.86	4.37
	石鼓镇	20 366	15 906	1 799.76	98.99	14.58	25.20	5.04
	东平镇	16 501	12 308	1 392.65	76.60	11.28	19.50	3.90
	锦斗镇	10 508	7 664	867.18	47.69	7.02	12.14	2.43
	呈祥乡	8 915	7 141	808.00	44.44	6.54	11.31	2.26
	苏坑镇	11 234	9 602	1 086.47	59.76	8.80	15.21	3.04
	仙夹镇	11 122	8 870	1 003.64	55.20	8.13	14.05	2.81
	东关镇	11 111	7 882	891.85	49.05	7.22	12.49	2.50
	湖洋镇	38 553	29 461	3 333.51	183.34	27.00	46.67	9.33
	介福乡	9 667	5 698	644.73	35.46	5.22	9.03	1.81
	外山乡	6 722	3 476	393.31	21.63	3.19	5.51	1.10
南安市	九都镇	15 109	11 022	1 247.14	68.59	10.10	17.46	3.49
合计		329 218	235 286	26 622.61	1 464.24	215.63	372.73	74.54

3.3.4　畜禽污染负荷预测

根据永春县和南安市畜牧业发展规划,结合山美水库流域实际状况,确定流域内 2011—2017 年畜禽年增长率为 1%,维持养殖排污系数不变,据此计算

2017 年流域内畜禽污染负荷,计算结果见表 3.3.7。

表 3.3.7　2017 年流域内畜禽污染负荷预测

县域	受纳水体	乡镇	折合猪（万头）	污染物排放量(t/a)			
				COD	氨氮	总氮	总磷
永春县	桃溪	桃城镇	5.11	333.86	59.68	108.18	14.92
		五里街镇	4.20	274.41	49.06	88.91	12.26
		蓬壶镇	5.09	332.56	59.45	107.76	14.86
		达埔镇	4.48	292.70	52.33	94.84	13.08
		吾峰镇	3.13	204.50	36.56	66.26	9.14
		石鼓镇	5.18	338.44	60.50	109.66	15.13
		东平镇	4.80	313.61	56.06	101.62	14.02
		锦斗镇	1.57	102.58	18.34	33.24	4.58
		呈祥乡	0.86	56.19	10.04	18.21	2.51
		苏坑镇	1.93	126.10	22.54	40.86	5.64
		仙夹镇	1.89	123.48	22.08	40.01	5.52
		东关镇	1.69	110.42	19.74	35.78	4.93
	湖洋溪	湖洋镇	3.59	234.55	41.93	76.00	10.48
		介福乡	0.74	48.35	8.64	15.67	2.16
		外山乡	2.72	177.71	31.77	57.58	7.94
南安市	山美水库	九都镇	2.09	136.55	24.41	44.25	6.10
合计			49.07	3 206.01	573.13	1 038.83	143.27

3.3.5　城镇径流污染负荷预测

　　根据流域内各乡镇总体规划中确定的城镇化速度,计算 2017 年各乡镇城镇建成区面积,并根据 2.2.1.7 节中的计算方法,估算流域内 2017 年城镇径流污染负荷,结果见表 3.3.8。

表 3.3.8　2017 年流域内城镇径流污染负荷预测

县域	乡镇	城镇建成区面积（km²）	年初期雨水径流量（万 t）	污染物排放量（t/a）			
				COD	氨氮	总氮	总磷
永春县	桃城镇	9.25	194.25	543.90	6.80	69.93	3.30
	五里街镇	4.35	91.35	255.78	3.20	32.89	1.55
	蓬壶镇	1.31	27.51	77.03	0.96	9.90	0.47
	达埔镇	0.98	20.58	57.62	0.72	7.41	0.35
	吾峰镇	0.54	11.34	31.75	0.40	4.08	0.19
	石鼓镇	2.18	45.78	128.18	1.60	16.48	0.78
	东平镇	0.54	11.34	31.75	0.40	4.08	0.19
	锦斗镇	1.09	22.89	64.09	0.80	8.24	0.39
	苏坑镇	0.87	18.27	51.16	0.64	6.58	0.31
	仙夹镇	0.65	13.65	38.22	0.48	4.91	0.23
	东关镇	0.65	13.65	38.22	0.48	4.91	0.23
	湖洋镇	0.87	18.27	51.16	0.64	6.58	0.31
南安市	九都镇	0.33	6.93	19.40	0.24	0.00	0.00
合计		23.61	495.81	1 388.26	17.36	175.99	8.30

3.3.6　农田径流污染负荷预测

在农田果园面积不变的基础上，由于土地退化等因素的影响，根据近 10 年来化肥施用量数据进行空间插值，预测 2017 年化肥量比 2011 年增加 2.0%，化肥流失率不变，则农田径流污染负荷增加 2.0%，计算结果见表 3.3.9。

表 3.3.9　2017 年流域内农田径流污染负荷预测

县域	乡镇	污染物排放量（t/a）			
		COD	氨氮	总氮	总磷
永春县	桃城镇	292.35	58.47	99.39	11.69
	五里街镇	134.01	26.81	45.57	5.37
	蓬壶镇	373.70	74.74	127.05	14.94
	达埔镇	379.32	75.87	128.98	15.18
	吾峰镇	128.69	25.73	43.75	5.15
	石鼓镇	249.85	49.97	84.95	10.00
	东平镇	126.25	25.25	42.92	5.05

续表

县域	乡镇	污染物排放量(t/a)			
		COD	氨氮	总氮	总磷
永春县	锦斗镇	114.20	22.84	38.82	4.57
	呈祥乡	56.13	11.23	19.09	2.24
	苏坑镇	109.10	21.82	37.09	4.37
	仙夹镇	102.97	20.59	35.01	4.12
	东关镇	105.55	21.11	35.89	4.22
	湖洋镇	370.33	74.06	125.91	14.81
	介福乡	95.78	19.16	32.57	3.84
	外山乡	79.27	15.85	26.95	3.17
南安市	九都镇	61.32	12.26	20.84	2.45
合计		2778.82	555.76	944.78	111.17

3.3.7 污染负荷入河量预测

根据 2.2.2.2 节的相关公式和参数等计算 2017 年流域内污染物入河量,结果见表 3.3.10 至表 3.3.13。

表 3.3.10 2017 年流域内各乡镇 COD 入河量预测

单位:t/a

乡镇	畜禽养殖	城镇生活污水	农村生活污水	农田径流	农村生活垃圾	城镇径流	工业废水	合计	受纳水体(比例)
桃城镇	100.16	183.96	5.75	58.47	5.98	489.51	49.04	892.87	
五里街镇	82.32	70.99	7.11	26.80	7.40	230.20	0.96	425.78	
蓬壶镇	99.77	150.74	41.54	74.74	43.19	69.33	3.61	482.92	
达埔镇	87.81	124.43	37.59	75.86	39.07	51.86	102.11	518.73	
吾峰镇	61.35	67.57	12.39	25.74	12.88	28.58	0.00	208.51	
石鼓镇	101.53	312.46	14.28	49.97	14.85	115.37	157.90	766.36	桃溪 (88.27%)
东平镇	94.08	67.98	11.05	25.25	11.49	28.58	8.03	246.46	
锦斗镇	30.77	132.08	6.88	22.84	7.15	57.68	0.00	257.40	
呈祥乡	16.86	0.00	6.41	11.23	6.67	0.00	0.00	41.17	
苏坑镇	37.83	94.65	8.62	21.82	8.96	46.04	0.00	217.92	
仙夹镇	37.04	77.16	7.96	20.59	8.28	34.40	0.00	185.43	
东关镇	33.12	76.83	7.08	21.11	7.36	34.40	0.00	179.90	

续表

乡镇	畜禽养殖	城镇生活污水	农村生活污水	农田径流	农村生活垃圾	城镇径流	工业废水	合计	受纳水体（比例）
湖洋镇	70.37	98.16	26.45	74.07	27.50	46.04	0.00	342.59	湖洋溪（9.25%）
介福乡	14.50	0.00	5.12	19.16	5.32	0.00	1.36	45.46	
外山乡	53.31	0.00	3.12	15.85	3.24	0.00	0.00	75.52	
九都镇	40.97	33.13	9.90	12.26	10.29	17.46	0.00	124.01	山美水库（2.47%）
合计	961.79	149.14	211.25	555.76	219.63	1 249.45	323.01	5 011.03	100%

表 3.3.11 2017 年流域内各乡镇氨氮入河量预测

单位:t/a

乡镇	畜禽养殖	城镇生活污水	农村生活污水	农田径流	农村生活垃圾	城镇径流	工业废水	合计	受纳水体（比例）
桃城镇	17.91	18.40	1.40	11.69	0.88	6.12	3.41	59.81	
五里街镇	14.72	7.10	1.73	5.36	1.09	2.88	0.00	32.88	
蓬壶镇	17.84	12.56	10.13	14.95	6.36	0.87	0.26	62.97	
达埔镇	15.70	10.37	9.17	15.17	5.75	0.65	4.84	61.65	
吾峰镇	10.97	5.63	3.02	5.15	1.90	0.36	0.00	27.03	
石鼓镇	18.15	26.04	3.48	9.99	2.19	1.44	102.28	163.57	桃溪（86.21%）
东平镇	16.82	5.66	2.70	5.05	1.69	0.36	0.31	32.59	
锦斗镇	5.50	11.01	1.68	4.57	1.05	0.72	0.00	24.53	
呈祥乡	3.01	0.00	1.56	2.25	0.98	0.00	0.00	7.80	
苏坑镇	6.76	7.89	2.10	4.36	1.32	0.58	0.00	23.01	
仙夹镇	6.62	6.43	1.94	4.12	1.22	0.43	0.00	20.76	
东关镇	5.92	6.40	1.73	4.22	1.08	0.43	0.00	19.78	
湖洋镇	12.58	8.18	6.45	14.81	4.05	0.58	0.00	46.65	湖洋溪（11.11%）
介福乡	2.59	0.00	1.25	3.83	0.78	0.00	0.09	8.54	
外山乡	9.53	0.00	0.76	3.17	0.48	0.00	0.00	13.94	
九都镇	7.32	2.76	2.41	2.45	1.52	0.22	0.00	16.68	山美水库（2.68%）
合计	171.94	128.43	51.51	111.14	32.34	15.64	111.19	622.19	100%

表 3.3.12 2017 年流域内各乡镇总氮入河量预测

单位：t/a

乡镇	畜禽养殖	城镇生活污水	农村生活污水	农田径流	农村生活垃圾	城镇径流	工业废水	合计	受纳水体（比例）
桃城镇	32.45	55.19	1.75	19.88	1.52	62.94	4.72	178.45	
五里街镇	26.67	21.30	2.17	9.11	1.88	29.60	0.00	90.73	
蓬壶镇	32.33	22.61	12.67	25.41	10.99	8.91	0.46	113.38	
达埔镇	28.45	18.66	11.46	25.80	9.95	6.67	5.96	106.95	
吾峰镇	19.88	10.13	3.78	8.75	3.28	3.67	0.00	49.49	
石鼓镇	32.90	46.87	4.35	16.99	3.78	14.83	122.74	242.46	桃溪
东平镇	30.48	10.20	3.37	8.58	2.92	3.67	0.36	59.58	（87.20%）
锦斗镇	9.97	19.81	2.10	7.76	1.82	7.42	0.00	48.88	
呈祥乡	5.46	0.00	1.95	3.82	1.70	0.00	0.00	12.93	
苏坑镇	12.26	14.20	2.63	7.42	2.28	5.92	0.00	44.71	
仙夹镇	12.00	11.57	2.43	7.00	2.11	4.42	0.00	39.53	
东关镇	10.73	11.52	2.16	7.18	1.87	4.42	0.00	37.88	
湖洋镇	22.80	14.72	8.06	25.18	7.00	5.92	0.00	83.68	湖洋溪
介福乡	4.70	0.00	1.56	6.51	1.35	0.00	0.11	14.23	（10.41%）
外山乡	17.27	0.00	0.95	5.39	0.83	0.00	0.00	24.44	
九都镇	13.27	4.97	3.02	4.17	2.62	0.00	0.00	28.05	山美水库（2.39%）
合计	311.62	261.75	64.41	188.95	55.90	158.39	134.35	1 175.37	100%

表 3.3.13 2017 年流域内各乡镇总磷入河量预测

单位：t/a

乡镇	畜禽养殖	城镇生活污水	农村生活污水	农田径流	农村生活垃圾	城镇径流	工业废水	合计	受纳水体（比例）
桃城镇	4.48	1.84	0.15	2.34	0.30	2.97	1.80	13.88	
五里街镇	3.68	0.71	0.19	1.07	0.38	1.40	0.00	7.43	
蓬壶镇	4.46	3.01	1.11	2.99	2.20	0.42	0.26	14.45	
达埔镇	3.92	2.49	1.01	3.04	1.99	0.31	2.45	15.21	
吾峰镇	2.74	1.35	0.33	1.03	0.66	0.17	0.00	6.28	
石鼓镇	4.54	6.25	0.38	2.00	0.76	0.70	0.55	15.18	桃溪
东平镇	4.20	1.36	0.30	1.01	0.58	0.17	0.21	7.83	（84.10%）
锦斗镇	1.38	2.64	0.18	0.91	0.36	0.35	0.00	5.82	
呈祥乡	0.75	0.00	0.17	0.45	0.34	0.00	0.00	1.71	
苏坑镇	1.69	1.89	0.23	0.87	0.46	0.28	0.00	5.42	
仙夹镇	1.66	1.54	0.21	0.82	0.42	0.21	0.00	4.86	
东关镇	1.48	1.54	0.19	0.84	0.37	0.21	0.00	4.63	

续表

乡镇	畜禽养殖	城镇生活污水	农村生活污水	农田径流	农村生活垃圾	城镇径流	工业废水	合计	受纳水体（比例）
湖洋镇	3.14	1.96	0.71	2.96	1.40	0.28	0.00	10.45	湖洋溪（12.81%）
介福乡	0.65	0.00	0.14	0.77	0.27	0.00	0.10	1.93	
外山乡	2.38	0.00	0.08	0.63	0.17	0.00	0.00	3.26	
九都镇	1.83	0.66	0.27	0.49	0.52	0.00	0.00	3.77	山美水库（3.09%）
合计	42.98	27.24	5.65	22.22	11.18	7.47	5.37	122.11	100%

3.4 流域污染物削减量计算

根据水体纳污能力的计算结果和 2011 年及 2017 年流域污染物入河量,确定山美水库流域污染物削减计划,具体见表 3.4.1～表 3.4.10。

计算结果表明:山美水库流域入河污染负荷削减量分别为 COD 2 749.58 t/a、氨氮 475.00 t/a、总氮 1 020.80 t/a 和总磷 92.54 t/a,其中桃溪沿岸入河污染负荷削减量为 COD 2 611.56 t/a、氨氮 421.23 t/a、总氮 904.22 t/a 和总磷 79.98 t/a;湖洋溪沿岸入河污染负荷削减量为 COD 14.01 t/a、氨氮 37.09 t/a、总氮 88.53 t/a、总磷 8.79 t/a;水库周边计划削减量为 COD 124.01 t/a、氨氮 16.68 t/a、总氮 28.05 t/a 和总磷 3.77 t/a。

表 3.4.1 桃溪不同河段 COD 削减计划表

（功能区）范围	乡镇	COD (t/a)									
		污染物入河量								纳污能力	削减量
		畜禽养殖	城镇生活污水	农村生活污水	农田径流	农村生活垃圾	城镇径流	工业废水	合计		
源头—蓬壶镇	锦斗镇	30.77	132.08	6.88	22.84	7.15	57.68	0.00	298.57	90.89	207.68
	呈祥乡	16.86	0.00	6.41	11.23	6.67	0.00	0.00			
	合计	47.63	132.08	13.29	34.07	13.82	57.68	0.00			
蓬壶镇—达埔镇	蓬壶镇	99.77	150.74	41.54	74.74	43.19	69.33	3.61	700.84	505.76	195.08
	苏坑镇	37.83	94.65	8.62	21.82	8.96	46.04	0.00			
	合计	137.60	245.39	50.16	96.56	52.15	115.37	3.61			

（功能区）范围	乡镇	COD（t/a）									
		污染物入河量							合计	纳污能力	削减量
		畜禽养殖	城镇生活污水	农村生活污水	农田径流	农村生活垃圾	城镇径流	工业废水			
达埔镇—石鼓镇	达埔镇	87.81	124.43	37.59	75.86	39.07	51.86	102.11	704.16	412.30	291.86
	仙夹镇	37.04	77.16	7.96	20.59	8.28	34.40	0.00			
	合计	124.85	201.59	45.55	96.45	47.35	86.26	102.11			
石鼓镇—五里街镇	石鼓镇	101.53	312.46	14.28	49.97	14.85	115.37	157.90	766.36	130.25	636.11
五里街镇—桃城镇	五里街镇	82.32	70.99	7.11	26.80	7.40	230.20	0.96	634.29	179.99	454.30
	吾峰镇	61.35	67.57	12.39	25.74	12.88	28.58	0.00			
	合计	143.67	138.56	19.50	52.54	20.28	258.78	0.96			
桃城镇—东平镇	桃城镇	100.16	183.96	5.75	58.47	5.98	489.51	49.04	892.87	492.70	400.17
东平镇—东关镇	东平镇	33.12	76.83	7.08	21.11	7.36	34.40	8.03	426.36	—	426.36
	东关镇	94.08	67.98	11.05	25.25	11.49	28.58	0.00			
	合计	127.20	144.81	18.13	46.36	18.85	62.98	8.03			
合计									4 423.45	1 811.89	2 611.56

注：为保证东美控制断面满足水环境功能要求，不考虑桃溪东平—东关段水域纳污能力。

表 3.4.2　桃溪不同河段氨氮削减计划表

（功能区）范围	乡镇	氨氮（t/a）									
		污染物入河量							合计	纳污能力	削减量
		畜禽养殖	城镇生活污水	农村生活污水	农田径流	农村生活垃圾	城镇径流	工业			
源头—蓬壶镇	锦斗镇	5.50	11.01	1.68	4.57	1.05	0.72	0.00	32.33	12.45	19.88
	呈祥乡	3.01	0.00	1.56	2.25	0.98	0.00	0.00			
	合计	8.51	11.01	3.24	6.82	2.03	0.72	0.00			
蓬壶镇—达埔镇	蓬壶镇	17.84	12.56	10.13	14.95	6.36	0.87	0.26	85.98	32.39	53.59
	苏坑镇	6.76	7.89	2.10	4.36	1.32	0.58	0.00			
	合计	24.60	20.45	12.23	19.31	7.68	1.45	0.26			
达埔镇—石鼓镇	达埔镇	15.70	10.37	9.17	15.17	5.75	0.65	4.84	82.41	20.29	62.12
	仙夹镇	6.62	6.43	1.94	4.12	1.22	0.43	0.00			
	合计	22.32	16.80	11.11	19.29	6.97	1.08	4.84			
石鼓镇—五里街镇	石鼓镇	18.15	26.04	3.48	9.99	2.19	1.44	102.28	163.57	5.94	157.63

续表

（功能区）范围	乡镇	氨氮（t/a）								纳污能力	削减量
		污染物入河量							合计		
		畜禽养殖	城镇生活污水	农村生活污水	农田径流	农村生活垃圾	城镇径流	工业			
五里街镇—桃城镇	五里街镇	14.72	7.10	1.73	5.36	1.09	2.88	0.00	59.91	18.66	41.25
	吾峰镇	10.97	5.63	3.02	5.15	1.90	0.36	0.00			
	合计	25.69	12.73	4.75	10.51	2.99	3.24	0.00			
桃城镇—东平镇	桃城镇	17.91	18.40	1.40	11.69	0.88	6.12	3.41	59.81	25.42	34.39
东平镇—东关镇	东平镇	16.82	5.66	2.70	5.05	1.69	0.36	0.31	52.37	—	52.37
	东关镇	5.92	6.40	1.73	4.22	1.08	0.43	0.00			
	合计	22.74	12.06	4.43	9.27	2.77	0.79	0.31			
合计									536.38	115.15	421.23

注：为保证东美控制断面满足水环境功能要求，不考虑桃溪东平—东关段水域纳污能力。

表 3.4.3 桃溪不同河段总氮削减计划表

（功能区）范围	乡镇	总氮（t/a）								纳污能力	削减量
		污染物入河量							合计		
		畜禽养殖	城镇生活污水	农村生活污水	农田径流	农村生活垃圾	城镇径流	工业			
源头—蓬壶镇	锦斗镇	9.97	19.81	2.10	7.76	1.82	7.42	0.00	61.81	13.52	48.29
	呈祥乡	5.46	0.00	1.95	3.82	1.70	0.00	0.00			
	合计	15.43	19.81	4.05	11.58	3.52	7.42	0.00			
蓬壶镇—达埔镇	蓬壶镇	32.33	22.61	12.67	25.41	10.99	8.91	0.46	158.09	34.13	123.96
	苏坑镇	12.26	14.20	2.63	7.42	2.28	5.92	0.00			
	合计	44.59	36.81	15.30	32.83	13.27	14.83	0.46			
达埔镇—石鼓镇	达埔镇	28.45	18.66	11.46	25.80	9.95	6.67	5.96	146.48	21.32	125.16
	仙夹镇	12.00	11.57	2.43	7.00	2.11	4.42	0.00			
	合计	40.45	30.23	13.89	32.80	12.06	11.09	5.96			
石鼓镇—五里街镇	石鼓镇	32.90	46.87	4.35	16.99	3.78	14.83	122.74	242.46	6.12	236.34
五里街镇—桃城镇	五里街镇	26.67	21.30	2.17	9.11	1.88	29.60	0.00	140.22	19.51	120.71
	吾峰镇	19.88	10.13	3.78	8.75	3.28	3.67	0.00			
	合计	46.55	31.43	5.95	17.86	5.16	33.27	0.00			
桃城镇—东平镇	桃城镇	32.45	55.19	1.75	19.88	1.52	62.94	4.72	178.45	26.15	152.30

续表

（功能区）范围	乡镇	总氮（t/a）								纳污能力	削减量
		污染物入河量							合计		
		畜禽养殖	城镇生活污水	农村生活污水	农田径流	农村生活垃圾	城镇径流	工业			
东平镇—东关镇	东平镇	30.48	10.20	3.37	8.58	2.92	3.67	0.36	97.46	—	97.46
	东关镇	10.73	11.52	2.16	7.18	1.87	4.42	0.00			
	合计	41.21	21.72	5.53	15.76	4.79	8.09	0.36			
合计									1 024.97	120.75	904.22

注：为保证东美控制断面满足水环境功能要求，不考虑桃溪东平—东关段水域纳污能力。

表 3.4.4　桃溪不同河段总磷削减计划表

（功能区）范围	乡镇	总磷（t/a）								纳污能力	削减量
		污染物入河量							合计		
		畜禽养殖	城镇生活污水	农村生活污水	农田径流	农村生活垃圾	城镇径流	工业			
源头—蓬壶镇	锦斗镇	1.38	2.64	0.18	0.91	0.36	0.35	0.00	7.53	2.16	5.37
	呈祥乡	0.75	0.00	0.17	0.45	0.34	0.00	0.00			
	合计	2.13	2.64	0.35	1.36	0.70	0.35	0.00			
蓬壶镇—达埔镇	蓬壶镇	4.46	3.01	1.11	2.99	2.20	0.42	0.26	19.87	6.58	13.29
	苏坑镇	1.69	1.89	0.23	0.87	0.46	0.28	0.00			
	合计	6.15	4.90	1.34	3.86	2.66	0.70	0.26			
达埔镇—石鼓镇	达埔镇	3.92	2.49	1.01	3.04	1.99	0.31	2.45	20.07	4.21	15.86
	仙夹镇	1.66	1.54	0.21	0.82	0.42	0.21	0.00			
	合计	5.58	4.03	1.22	3.86	2.41	0.52	2.45			
石鼓镇—五里街镇	石鼓镇	4.54	6.25	0.38	2.00	0.76	0.70	0.55	15.17	1.38	13.79
五里街镇—桃城镇	五里街镇	3.68	0.71	0.19	1.07	0.38	1.40	0.00	13.71	3.35	10.36
	吾峰镇	2.74	1.35	0.33	1.03	0.66	0.17	0.00			
	合计	6.42	2.06	0.52	2.10	1.04	1.57	0.00			
桃城镇—东平镇	桃城镇	4.48	1.84	0.15	2.34	0.30	2.97	1.80	13.88	5.02	8.86
东平镇—东关镇	东平镇	4.20	1.36	0.30	1.01	0.58	0.17	0.21	12.46	—	12.46
	东关镇	1.48	1.54	0.19	0.84	0.37	0.21	0.00			
	合计	5.68	2.90	0.49	1.85	0.95	0.38	0.21			
合计									102.68	22.70	79.98

注：为保证东美控制断面满足水环境功能要求，不考虑桃溪东平—东关段水域纳污能力。

表 3.4.5　湖洋溪不同河段 COD 削减计划表

（功能区）范围	乡镇	COD（t/a）								纳污能力	削减量
		污染物入河量							合计		
		畜禽养殖	城镇生活污水	农村生活污水	农田径流	农村生活垃圾	城镇径流	工业废水			
锦溪入口—介福溪入口	湖洋镇	70.37	98.16	26.45	74.07	27.50	46.04	0.00	342.58	559.61	0.00
介福溪入口—外山溪入口	介福乡	14.50	0.00	5.12	19.16	5.32	0.00	1.36	45.46	112.12	0.00
外山溪入口—东美	外山乡	53.31	0.00	3.12	15.85	3.24	0.00	0.00	75.53	61.52	14.01
合计									463.57	733.25	14.01

表 3.4.6　湖洋溪不同河段氨氮削减计划表

（功能区）范围	乡镇	氨氮（t/a）								纳污能力	削减量
		污染物入河量							合计		
		畜禽养殖	城镇生活污水	农村生活污水	农田径流	农村生活垃圾	城镇径流	工业废水			
锦溪入口—介福溪入口	湖洋镇	12.58	8.18	6.45	14.81	4.05	0.58	0.00	46.65	24.27	22.38
介福溪入口—外山溪入口	介福乡	2.59	0.00	1.25	3.83	0.78	0.00	0.09	8.55	5.16	3.39
外山溪入口—东美	外山乡	9.53	0.00	0.76	3.17	0.48	0.00	0.00	13.94	2.62	11.32
合计									69.14	32.05	37.09

表 3.4.7　湖洋溪不同河段总氮削减计划表

（功能区）范围	乡镇	总氮（t/a）								纳污能力	削减量
		污染物入河量							合计		
		畜禽养殖	城镇生活污水	农村生活污水	农田径流	农村生活垃圾	城镇径流	工业废水			
锦溪入口—介福溪入口	湖洋镇	22.80	14.72	8.06	25.18	7.00	5.92	0.00	83.69	25.70	57.99
介福溪入口—外山溪入口	介福乡	4.70	0.00	1.56	6.51	1.35	0.00	0.11	14.24	5.35	8.89
外山溪入口—东美	外山乡	17.27	0.00	0.95	5.39	0.83	0.00	0.00	24.44	2.79	21.65
合计									122.37	33.84	88.53

表 3.4.8　湖洋溪不同河段总磷削减计划表

（功能区）范围	乡镇	总磷（t/a）								纳污能力	削减量
		污染物入河量									
		畜禽养殖	城镇生活污水	农村生活污水	农田径流	农村生活垃圾	城镇径流	工业废水	合计		
锦溪入口—介福溪入口	湖洋镇	3.14	1.96	0.71	2.96	1.40	0.28	0.00	10.46	5.12	5.34
介福溪入口—外山溪入口	介福乡	0.65	0.00	0.14	0.77	0.27	0.00	0.10	1.92	1.13	0.79
外山溪入口—东美	外山乡	2.38	0.00	0.08	0.63	0.17	0.00	0.00	3.27	0.61	2.66
合计									15.65	6.86	8.79

表 3.4.9　山美水库库区周围污染物削减计划表

（功能区）范围	乡镇	COD（t/a）								纳污能力	削减量
		污染物入河量									
		畜禽养殖	城镇生活污水	农村生活污水	农田径流	农村生活垃圾	城镇径流	工业废水	合计		
水库库区	九都镇	40.97	33.13	9.90	12.26	10.29	17.46	0.00	124.01	—	124.01

（功能区）范围	乡镇	氨氮（t/a）								纳污能力	削减量
		污染物入河量									
		畜禽养殖	城镇生活污水	农村生活污水	农田径流	农村生活垃圾	城镇径流	工业废水	合计		
水库库区	九都镇	7.32	2.76	2.41	2.45	1.52	0.22	0.00	16.68	—	16.68

（功能区）范围	乡镇	总氮（t/a）								纳污能力	削减量
		污染物入河量									
		畜禽养殖	城镇生活污水	农村生活污水	农田径流	农村生活垃圾	城镇径流	工业废水	合计		
水库库区	九都镇	13.27	4.97	3.02	4.17	2.62	0.00	0.00	28.05	—	28.05

（功能区）范围	乡镇	总磷（t/a）								纳污能力	削减量
		污染物入河量									
		畜禽养殖	城镇生活污水	农村生活污水	农田径流	农村生活垃圾	城镇径流	工业废水	合计		
水库库区	九都镇	1.83	0.66	0.27	0.49	0.52	0.00	0.00	3.77	—	3.77

注：为加强山美水库水源地保护，不考虑山美水库的纳污能力。

表 3.4.10　山美水库流域污染物削减汇总表

单位：t/a

水体	COD	氨氮	总氮	总磷
桃溪	2 611.56	421.23	904.22	79.98
湖洋溪	14.01	37.09	88.53	8.79
库区	124.01	16.68	28.05	3.77
合计	2 749.58	475.00	1 020.80	92.54

4 流域社会经济调控工程方案

4.1 流域城镇人口规模控制方案

4.1.1 流域人口增长和布局对山美水库生态安全的影响

（1）人口规模增长迅速，山美水库生态环境压力增大

在经济高速增长和地区发展差距的共同作用下，流域人口经历了一个较长的迁移性快速增长时期，流域人口数量和人口密度逐年递增，由于原有的动因继续存在，当前宏观政策对人口流动有促进作用，山美水库流域还可能继续面对人口集聚的巨大压力。过度的人口增长，会加剧自然生态环境的恶化，给山美水库生态安全带来威胁，也是社会经济发展的一种潜在不稳定因素。

（2）人口向上游入库河流附近集聚，环境污染和生态破坏日益严重

山美水库流域人口增长表现出"向上游入库河流附近集聚"的现象。特别是永春县城桃溪附近压力愈加严重，使得入库河流桃溪水环境压力巨大，直接影响库区水质。

4.1.2 流域人口控制与布局引导目标

采取积极的措施对流域人口总量加以控制，使之不突破流域生态承载力允许的容量水平；对人口空间布局加以引导，使之对生态环境的破坏降到最低，对生态安全威胁最小，促进流域人口与生态协调发展。

主要改善对象：生态安全驱动力

主要改善指标：驱动力人口类指标（人口、人口密度、单位湖泊容积人口）

4.1.3 流域人口控制与布局引导方案

（1）严格控制人口增长，引导流域人口的分流

在经济高速增长和地区发展差距的共同作用下，山美水库流域人口的迁移性快速增长仍将继续，人口集聚的压力越来越大。过度的人口增长，不仅会加剧自然生态环境的恶化，同时也是社会经济发展的一种潜在不稳定因素。根据山美水库流域的人口形势，必须采取积极的措施对流域人口加以控制，使之不突破流域生态承载力允许的容量水平。

一方面，严格限制迁入人口向库区上游附近的集聚，保证库区上游人口密度不再增长。另一方面，引导库区周边现有的人口逐步分流，在生态敏感度较低的远离库区的地区建立一些卫星城，培育新的经济增长点和就业吸引中心，引导人口向周边地区分流，减轻库区生态压力。

（2）采取组合式人口布局优化政策，促进人口空间布局合理化

人口总量控制必须与空间布局相结合，共同减轻山美水库流域生态压力。人口空间布局应遵循"逐步远离库区，避开生态敏感区"的原则，将人口布局重心由库区上游及周围逐步向下游及外围地区迁移，周边附近 2 km 内居住人口密度控制在 0～100 人/km^2。

有效的政策组合是人口空间布局合理化的重要保障。应制定区域人口空间引导和迁移的指导性法规，限制人口向生态敏感区迁移；结合产业布局政策，引导就业迁移，带动人口迁移；结合城市规划和土地利用规划，加强规划监管，保障人口布局引导策略的有效实施。

4.2 产业结构与布局控制方案

4.2.1 产业发展指导思想

坚持科学发展观，以生态学和生态经济学理论为指导，以协调经济、社会、生态环境建设为主要对象，从国家、福建省和泉州市的发展战略部署出发，立足于山

美水库流域的实际情况,发挥资源优势和区位优势,以发展生态经济效益为中心,以全面提高群众生活水平和生活质量为根本出发点,根据山区经济社会发展的需求,组织资源利用,大力发展生态农业、生态林业、生态工业、生态旅游业和生态服务业,按照循环经济理念构建生态产业体系,实现生态经济良性循环发展;改善管理,发展生态科技,加强发展调控,增强发展能力,提高发展质量;加强城乡环境综合整治,建设生态人居环境;稳定人口出生率,倡导绿色生产和绿色消费,建设生态文明的和谐社会,从根本上改善发展条件,实现可持续发展,提高生活质量,实现全面小康社会目标。

4.2.2 产业结构与布局调控措施

4.2.2.1 加快工业产业结构升级并合理布局

（1）产业结构升级

结合山美水库流域经济结构调整,加快发展资源和能源消耗少、污染物排放量低的产业。促使"高投入、高能耗、重污染、低产出"的旧企业向"低投入、低能耗、轻污染、高产出"的方向转变。大力发展生态工业,实现环境与经济"双赢"。筛选一批重点企业,联合构建生态产业链和循环网络,开展物流、能流的梯级利用,实现产业重组和产品升级换代,优化工业布局,从根本上消除结构性污染问题。

重点抓好制革、造纸、电镀、食品、制药、化工、建陶、纺织染整8个重点行业的结构调整,加快污染治理设施的维护和技术改造,确保稳定运行,依法淘汰落后的生产技术、工艺、设备和生产能力,治理结构性污染。推动工业布局调整,优化资源配置,实现基础设施共享和污染物集中处理,构建循环型产业链。大力发展污染少、消耗低、效益高的高新技术产业。着力推动经济增长方式转变,淘汰能耗高、污染重、效益低的落后产能与非法企业,着手制定今后五年还清环保历史欠帐的计划,抓好"五小"整顿,关停小造纸、小化工、小漂染、小制革、小水泥等企业(生产线)。继续加强南安市建筑饰面石材行业综合整治,完善建筑饰面石材集中区污染治理设施建设,加强监督管理,防止南安市、安溪县等重点区域关闭的零散石材企业死灰复燃。逐步完成建陶行业水煤气改清洁能源(LNG、电能等)工作。以减排促进产业结构升级调整,降低行业排放强度,提高总体治污水平。

（2）工业园区合理布局

以县、镇为基本控制区域，对现有工业园区及乡镇工业进行布局调整。按照当地地理环境特征、经济发展现状、环境容量和资源承载力，建设乡镇生态工业园区，运用循环经济的理念，优化结构、合理集聚，形成产业链，促进乡镇工业向园区集中发展，把园区建设与合理利用土地资源、保护生态环境结合起来，在园区实施集中供热，集中治污，努力优化资源配置，促进资源共享，实现经济、社会与环境的协调发展。

（3）大力推进清洁生产

推行清洁生产，做到增产减污。在依照国家规定设立的中小企业发展基金中，根据需要安排适当资金用于支持中小企业实施清洁生产，利用废物生产产品或从废物中回收原料的企业，税务机关按照国家有关规定，减征或者免征增值税。企业用于清洁生产审核和培训的费用，可以列入企业经营成本。

4.2.2.2　结合农业产业结构调整，加快生态农业的建设

（1）优化土地利用

由于地形、土壤类型和土地利用方式等因素的影响，氮、磷流失发生的时空差异非常显著，不同地区单位面积的流失量可相差二、三个数量级。因此，在制订全流域的防治规划时，必须首先识别出流域内的氮、磷流失高风险区，作为治理的重点，以便采取有针对性的调控措施，提高投资效益和治理效果，达到事半功倍的效果。不同土壤类型及土地利用结构对农田土壤养分的分布和平衡有着显著影响，科学地进行农业土地区划，采取适宜的土地利用方式是控制氮、磷流失的重要措施。对土地资源进行优化配置，可以起到提高水土保持能力和减少养分流失的效果。对富磷土壤，可选择种植喜磷作物，同时免除施肥或减少施肥。如选择种植肥田萝卜、荞麦、羽扇豆、象草等，这些作物根系可分泌多种有机酸，这些酸可通过增加磷的溶解、解吸或矿化作用来提高土壤中磷的有效性。

（2）选择合理种植制度

合理的种植制度及轮作方式可有效地降低氮、磷向水体迁移的风险。有研究发现，单一种植制度的地表径流量大于轮作制度的地表径流量，轮作制度的地表径流量又大于果农间作。而轮作制度中，不同的作物管理措施和作物自身性质对地表径流量也有明显的影响。通过研究不同农作物对氮、磷吸收的特征和互补

性,采取不同作物的间作套种、轮作等方式,可充分提高土壤中养分的利用率,减少氮、磷损失。

(3) 生态农业模式构建

在流域内大力发展生态农业、有机农业,建立一批无公害农产品生产示范基地,积极发展有机食品和绿色食品,建设节约型和农业持续发展的社会主义新农村。调整和优化农田用肥结构,鼓励和引导增施有机肥和缓释肥,逐步减少氮、磷、钾等单质肥料的用量。推广生物和物理防治农田病虫害技术,科学施用农药并逐步减少化学农药的使用量,提高生物农药施用比例,使流域农用化学品使用量逐年减少,保护流域生态环境。

根据当地农业产业结构及特点,进行生态农业建设。提高植被覆盖率,有计划地种草、造林、种果,间套复种,形成草灌乔结合,农果肥结合,粮经饲多种作物间套的立体种植,形成点、线、面结合的多层次的农田防护林和农田植被体系。优化种植业结构,根据当地农业特点,抓好品种结构、种植结构和技术结构优化及高优粮田建设。首先引进高优作物良种,充实生态位;在加强耕地土壤供肥能力调控的同时,合理增施化肥,优化配方施肥;增施有机肥,建立有机无机相结合的施肥体系;合理轮作,间套复种,建立用养结合的耕作制度;多途径开辟有机肥源以加速土壤储肥,增强农田生态系统能量和物质的良性循环,实现农业的增产增收和培肥地力的目的。开发庭院资源,以畜禽养殖业为主体,大力发展沼气利用,建立农—牧—沼、牧—果—沼、种—养—沼等型式的庭院生态户,可解决农村生活能源问题,实现生物能循环利用,协调农村燃料、饲料、肥料俱缺的矛盾。注意保护农业生物,防治有害生物(病、虫、草、鼠)对系统生产力的干扰和破坏。有害生物的防治要从品种选择、合理作物布局、正确农业措施、低毒高效药剂等方面着手,同时推广生物学防治新技术,建立有效安全体系,以保持生态环境稳定,建立农业生态系统平衡,保证作物高产、稳产、优质。

(4) 大力推广生态养殖工程

畜禽场的选址、布局应考虑生态养殖模式的需要,根据养殖场可供消纳畜禽粪便的数量来确定养殖容量。在建场之前就要做好详细规划,包括畜禽养殖污染物的最终处理,并严格执行《畜禽养殖业污染防治技术规范》(HJ/T 81—2001),既要保证畜禽养殖生产的需要,又要确保符合环境保护的要求,力争在发展过程中不走弯路。划定禁养区,禁养区包括:生活饮用水水源保护区、风景名胜区、自然保护区的核心及缓冲区、城市和城镇居民区。养殖场的排水系统应实行雨水和污水收集输送系统分离,在场区内外设置的污水收集输送系统,不得采取明沟布设。

从改善生态环境,减轻养殖农户负担角度出发,积极创造条件,鼓励建立养殖小区,养殖小区以市场为导向,以养殖户投资、经营为主体,采取统一规划(土地、设计、污染治理)、统一标准、统一服务、统一集中防疫等手段,实行科学化、规范化管理,市场化、效益化运作,注重科技含量,注重企业增效、农民增收。同时通过小区建设实现畜禽粪便的资源化、无害化和减量化,发展有机肥,用于无公害农业生产,形成循环经济,走向安全、环保、可持续发展的道路。

建立起以种植业为基础,养殖业为中心,沼气工程为纽带的生态养殖业模式,使畜禽粪便综合利用率达到 70%;发展"养殖—回收利用—加工—销售"一条龙的产业链,大力推广"四位一体"的生态养殖工程,形成一个物质多层高效利用的生态农业良性循环系统。

5 流域土地资源调控工程方案

5.1 调控原则与战略

5.1.1 基本原则

（1）切实保护耕地

按照稳定和提高农业基础地位的要求，正确处理好新形势下城镇建设、经济发展与耕地保护的关系，实行最严格的耕地保护制度。严格控制耕地减少特别是非农建设占用耕地，加大土地开发整理复垦力度，努力提高耕地质量，提高农业综合生产能力。

（2）节约集约用地

围绕建设资源节约型社会目标，立足保障和促进科学发展，实行最严格的节约用地制度。把节约集约用地作为各项建设必须遵循的基本方针，合理控制建设用地规模，优先保障县级以上重点建设项目用地需求，盘活存量建设用地和低效用地，积极拓展建设用地新空间，努力转变土地利用方式，促进集约高效利用土地。

（3）统筹各类各业土地利用

按照建设和谐社会的要求，树立"以人为本、统筹协调"的用地观，整合城乡土地资源。依据国民经济和社会发展规划，加强与主体功能区规划、生态县建设规划、城乡规划等相关规划的衔接和协调，统筹各类各业用地，妥善处理区域用地关系，优化土地利用结构和布局，推进形成与城乡发展相适应，人口、资源、环境相协调的区域土地利用格局，提高经济、社会、环境综合效益。

（4）保护和改善生态环境

按照建设环境友好型社会的要求,正确处理经济与人口、资源、环境协调发展的关系。围绕生态县建设要求,统筹生活、生态和生产用地空间,加快转变土地利用模式。合理配置各类用地布局,优先布设国土生态安全屏障用地,按最佳生态效益合理安排城乡绿色空间,发挥耕地的生态、景观和间隔功能,构建生态文明的城乡环境,促进可持续发展。

5.1.2　土地资源利用战略

针对土地利用中存在的主要问题,按照社会经济发展战略和目标的要求,实施保障、保护和节约集约并重的土地利用战略。

（1）加强耕地和基本农田保护

加强耕地保护,严格控制耕地流失,稳步推进高标准农田建设,确保耕地补充的数量,提高耕地质量,合理引导农业结构调整。

（2）科学统筹建设用地发展需求

优先保障能源、交通、水利、旅游等重点基础设施用地需求,重点保障中心城区和"四个生产力"空间布局发展用地,尽量满足重点镇区建设用地需求,统筹安排新农村建设。

（3）坚持节约集约用地

推动土地利用方式由外延扩张向内涵挖潜、由粗放低效向集约高效转变。优化城镇内部土地利用结构,严格控制外延扩张。开展城中村、城乡结合部和村庄用地整理和工矿废弃地整理,增加建设用地流量,挖掘存量建设用地;推行工业向园区集中,提高用地效率。

（4）保护和改善生态环境

加强流域水土流失综合防治,增强区域生态综合效益,保护自然环境,优化土地利用与生态环境建设。充分发挥农用地多重功能,拓展生态空间,实现国土资源可持续利用。

5.2　土地利用与生态保护措施

按照建设环境友好型社会的要求,协调土地利用和生态保护的关系,加强国土生态屏障用地保护,加强水土流失综合治理,改善土地生态环境,倡导环境友好型土地利用模式,促进人居环境优美、生态良性循环、人与自然和谐,促进经济社会可持续发展。

(1)保护生态屏障用地

加强流域生态公益林、风景名胜区、自然保护区、河流水域等生态用地保护,将这些生态用地与基本农田一起,作为土地利用重点管制区域,实施严格监管和保护,构建国土生态安全屏障。使改善生态环境作用的耕地、园地、林地、水域等占流域土地面积的比例保持在90%左右。

(2)加强水土流失防治

以小流域为单元,积极运用工程措施、生物措施等,重点建设生态防护林体系,综合整治水土流失,使流域水土流失治理度达70%。

(3)推进矿山生态环境恢复治理

加强对采矿废弃地的复垦利用,在有序安排遗留废弃地复垦的同时,及时、全面复垦新增工矿废弃地。加强和改进复垦的生物技术和系统工程,提高土地生态系统自我修复能力。

(4)创建环境友好型土地利用模式

严格保护林地,建立生态与生产协调的茶果产业、林业产业、特色中草药产业;以生态技术改造传统工业、培育新兴生态工业,推进流域特色生态工业区建设;设置生态用地生态敏感缓冲区,加强引导和管制。

5.3 土地利用布局优化方案

5.3.1 农用地布局

(1)耕地布局

加强优质、集中连片耕地保护,构建以达埔镇、蓬壶镇、湖洋镇、石鼓镇、桃城镇、九都镇为主的重点粮食生产区。

(2)基本农田布局

坚持以"大稳定、小调整、有利于耕地保护、有利于协调建设用地布局"的原则进行耕地与基本农田布局优化调整。调入的基本农田全部为耕地,特别是高等别集中连片耕地、已验收合格的土地整理复垦开发新增的优质耕地。调出的基本农田主要为:低等别、质量较差、不宜农作以及生态脆弱地区水土流失严重的基本农田;因损毁、采矿塌陷和污染严重难以恢复、不宜农作的基本农田;土地利用总体规划确定的建设用地范围内的基本农田;零星破碎、区位偏僻、不易管理的基本农田。

重点保护优质、连片基本农田,形成以一都溪和坑仔口溪流域为主的西部山区基本农田保护区、中部桃溪流域基本农田保护区、东部湖洋溪流域基本农田保护区为主的基本农田布局。

科学划定基本农田保护区。在原有基本农田保护任务的基础上,增划一定量的优质耕地,共同构成基本农田保护区。增划基本农田用于补划不易确定具体范围的建设项目占用基本农田,包括难以确定用地范围的交通、水利等线性工程用地,不宜在城镇村建设用地范围内建设、又难以定位的独立建设项目(如防灾减灾建设、社会公益项目建设、城镇村重要基础设施建设、污染企业搬迁等)。同时,列明可在基本农田保护区内安排建设的项目分类清单。今后在用地选址确实无法避让需占用基本农田时,且占用基本农田规模不超过增划的耕地数量的,属符合规划,按一般耕地报批,按基本农田补偿,确保下达的基本农田保护任务数不减少。

5.3.2 建设用地布局

5.3.2.1 城乡建设用地布局

保障重点项目用地需求:实行城乡建设用地边界控制,落实城乡建设用地空间管制制度。规划期间,新增建设用地重点保证基础设施、中心城区和重点城镇建设用地需要。

划定城乡建设用地扩展边界:在与城市规划、部门规划等充分衔接的基础上,划定城乡建设用地扩展边界,增加规划弹性,以满足经济社会发展各类建设合理用地需求。

(1)城镇工矿用地布局

合理安排城镇工矿用地,节约集约利用,为构建"一城两轴四分区"的城镇工矿用地空间布局提供用地保障。在城镇工矿用地指标允许范围内,优先满足中心城区的用地需要,保障"四个生产力"空间布局用地需求,做大做强中心城区。同时,重点培育蓬壶县域次级中心地位。整个流域城镇按四个建设分区进行统筹布局。

永春县域中部城镇发展区:以现状桃城、五里街、石鼓组成的永春城关为中心,加强经济集聚中心城市的发展,其城市主要拓展方向为东部的东平和东南部的岵山,是县域城市核心发展区。

东北部城镇发展区:位于流域东北,以湖洋镇为中心,强化中心镇的带动作用,引导山区人口向城镇集中,大力发展特色经济和农林产品等资源型加工业,加快农业名优资源的开发。

中北部城镇发展区:位于流域西北部,以蓬壶镇为中心,以省道203线为发展轴,做好蓬壶、达埔特色农副产品加工区的建设。

西部城镇发展区:位于流域西部,以坑仔口镇为中心,加快传统产业的技术改造,强化山区居民点的建设和经济人口的集聚,大力发展农林产品等资源型加工业,加快农业名优资源开发。

西南部城镇发展区:位于流域西南部,以九都镇为中心,科学安排工矿用地,优化工业用地结构,引导工业企业向园区集中,大力发展农林产品等资源型加工业,加快农业名优资源的开发。

(2)农村居民点用地布局

按照"集约用地、集中建设、集聚发展"的原则,撤并自然村、整治中心村、改造城中村,形成合理的农村居民点用地布局。对于新农村建设用地,主要选择人口多、人均建设用地少、经济基础好、交通条件优越的行政村作为新农村建设的试点,试点的路线选择主要是与城镇的发展路线相结合,以"点轴结合"为发展模式,即沿着泉三高速公路和省道203、306线为其主要的发展方向,主要布局在乡镇所在地或工业集中区附近的中心村。

5.3.2.2 交通水利用地布局

流域交通水利设施将进一步完善。水利方面,重点抓好桃溪、湖洋溪防洪工程建设。交通方面,将以铁路、高速公路和高等级公路为主轴,建设莆永高速公路、厦沙高速公路、长泉铁路、省道改扩建、南环路、北环路等,构筑快速交通运输体系,带动人流、物流、资金流、信息流的汇聚,促进城市经济的繁荣。同时,抓好主干线公路改造和农村公路建设,提高全县公路网等级和通行能力。

5.3.2.3 其他建设用地布局

其他建设用地的完善,主要是保障风景名胜区配套设施的用地需求,主要以蓬壶镇汤城温泉休闲中心、石鼓温泉度假村、东关镇东关桥旅游接待中心、呈祥东溪大峡谷旅游配套设施为主,提升风景区档次,优化旅游景区环境。

6 流域污染源防治工程方案

严格按照《饮用水水源保护区污染防治管理规定》中对不同级别保护区的相关规定,研究制定保护区的污染源污染控制方案,尤其是污染型工业企业、违规建筑物和建设项目,详细清拆、整治和总量控制方案,重点关注水库上游地区永春县城和沿线乡镇的工业和生活污染源。

6.1 工业点源处理工程

山美水库流域的工业企业集中在桃溪流域,桃城镇与五里街镇 12 家工业企业已经接管。根据桃溪流域河道分段削减计划初步计算和工业企业排污资料,结合流域产业政策及生态保护要求,对流域内没接管企业分别要求关停或搬迁、废水接管至污水处理厂和废水处理达到《污水综合排放标准》(GB 8978—1996)一级排放标准。

对流域内不符合产业政策或产能过剩企业,建议搬迁关停。对流域内排污贡献大的企业以及主要分布在桃溪沿岸的蓬壶镇、石鼓镇、五里街镇、桃城镇、东平镇和山美水库库周的九都镇等敏感位置的企业,要求在 2014 年底废水预处理达到《污水排入城镇下水道水质标准》(CJ 343—2010)三级排放标准后,接入城镇污水处理厂处理。对于其他工业污水未能纳入城镇污水处理厂处理的工业企业,要求必须配套建设污水处理设施,2014 年底必须达到《污水综合排放标准》(GB 8978—1996)一级排放标准后才可外排。

6.2 城镇生活污水处理工程

山美水库流域内目前仅永春县城和德化县城各建有一座污水处理厂,其余乡镇的城镇生活污水均未经处理或仅作简单处理就直接排放。

永春县污水处理厂位于永春县城东南侧,桃溪北岸济川村,一期工程于2006年建成并投产运行,工程规模为1.5万t/d,采用Carrousel-2000氧化沟工艺,一期扩建工程规模为1.5万t/d,2012年建成并投产运行,采用改良型卡式氧化沟工艺。规划服务范围为石鼓镇、五里街镇、桃城镇、东平镇,但是由于管网建设滞后问题,目前实际服务范围仅为桃城镇和五里街镇。

德化县污水处理厂工程规划总规模6万t/d,分三期建设,其中:一期2万t/d,二期2万t/d,三期2万t/d。一期工程于2010年4月15日竣工并投入运行。二期工程于2011年开始实施,目前已投入运行,全厂污水处理总规模达到4.0万t/d,尾水执行《城镇污水处理厂污染物排放标准》(GB 18918—2002)一级B标准。规划服务范围为浔中镇、龙浔镇和三班镇,目前实际服务范围为浔中镇、龙浔镇。

根据南安市排水规划,九都镇区污水经收集后输送至北翼污水处理厂集中处理。北翼污水处理厂位于南安市梅山镇,目前已经完成项目前期工作,正在进行污水处理厂实施阶段,北翼污水厂主要服务范围包括梅山、罗东、九都、乐峰等乡镇。

流域内城镇生活污水处理工程主要包括污水处理设施及配套管网。

6.2.1　污水处理设施工程

山美水库流域城镇生活污水主要有三个来源:桃溪、湖洋溪沿线乡镇(包括永春县城)、龙门滩流域和山美水库库区沿岸(九都镇),其污水处理设施基本情况见表6.2.1。由于流域内河流水质出现超标现象,水体自净能力较小,水环境容量有限,为保护山美水库水源地,流域内城镇污水厂尾水排放标准执行《城镇污水处理厂污染物排放标准》(GB 18918—2002)一级A标准。

流域内永春县城及周边乡镇(石鼓镇和东平镇镇区)人口较多,生活污水并入永春县城污水处理厂,永春县污水处理厂目前尾水执行一级B标准,规划实施提标改造工程使其尾水达到一级A标准。蓬壶镇和达埔镇区人口较多,规划各建设一座污水处理厂,九都城镇生活污水并入北翼污水处理厂(位于南安市梅山镇)。龙门滩流域由于三班镇人口较多,并入德化污水处理厂,该污水处理厂目前尾水执行一级 B 标准,规划实施提标改造工程使其尾水达到一级 A 标准。其他乡镇镇区人口规模都比较小,可以选择经济高效的二级处理工艺,如"生物接触氧化 + 化学除磷 + 砂滤"或"酸化水解+人工湿地"的处理工艺。要求处理后排放的尾水达到《城镇污水处理厂污染物排放标准》(GB 18918—2002)的一级 A 标准。

表 6.2.1   城镇污水处理设施一览表

建设位置	收集范围	处理规模 (万 t/d)	推荐工艺
桃城镇	桃城镇、五里街镇区、石鼓镇区与东平镇区生活污水及部分工业废水	3.0	尾水由一级 B 提高到一级 A,增设高效沉淀池、转盘滤池、除磷加药等深度处理设施
蓬壶镇	蓬壶镇区生活污水和工业废水	1	改良型卡式氧化沟
达埔镇	达埔镇区生活污水与工业废水	0.5	改良型卡式氧化沟
锦斗镇	锦斗镇区生活污水	0.15	生物接触氧化+化学除磷+砂滤+人工湿地
苏坑镇	苏坑镇区生活污水	0.1	水解酸化+人工湿地
仙夹镇	仙夹镇区生活污水	0.07	水解酸化+人工湿地
吾峰镇	吾峰镇区生活污水	0.07	水解酸化+人工湿地
东关镇	东关镇区生活污水	0.07	20 余个分散的生物接触氧化 + 化学除磷 + 砂滤+人工湿地
湖洋镇	湖洋镇区生活污水	0.15	生物接触氧化 + 化学除磷 + 砂滤+人工湿地
德化县城	浔中镇、龙浔镇和三班镇生活污水	4.0	尾水由一级 B 提高到一级 A,增设高效沉淀池、转盘滤池、除磷加药等深度处理设施

6.2.2   污水收集管网工程

目前,污水管网采用的类型主要有合流制、截留式合流制、分流制等类型。如果采用合流制将生活污水、工业废水和雨水全部输送到污水处理厂进行处理,从控制和防止水体污染来看,是较好的,但是需要的污水管网管径和污水处理厂规模非常大,投资费用较高,且不利于污水处理厂的运行管理;采用截留式合流制,虽然能够降低污水管网的管径和污水处理厂的规模,节省投资,且在旱天时能够将污水全部进行处理,但是在雨天时,会有部分污水溢流,造成环境污染;因此,拟采用分流制,单独设置污水管网,分别收集服务区内的生活污水、工业废水和养殖废水,然后输送到污水处理厂进行处理。

山美水库流域城镇污水收集管网建设规划见表 6.2.2。

表 6.2.2　城镇污水收集管网建设规划

名称	建设内容
永春县城区污水管网工程	改造和新建永春县城东片区、城西片区、东平片区等区域污水管网 20 km,提升泵站等
蓬壶镇污水管网工程	新建污水管网 9.8 km
达埔镇污水管网工程	新建污水管网 5 km
九都镇污水管网工程	新建污水管网 12 km
德化污水处理厂配套管网二期工程	污水处理厂二期(城东、三班)配套管网 52.52 km

流域内通过城镇生活污水处理设施及其配套管网工程的建设,城镇生活污水污染物削减情况及剩余排放情况见表 6.2.3,污染物削减量为:COD 1 208.14 t/a、氨氮 113.90 t/a、总氮 179.57 t/a、总磷 30.54 t/a,剩余排放量为:COD 603.68 t/a、氨氮 59.70 t/a、总氮 175.16 t/a、总磷 6.44 t/a。

表 6.2.3　城镇生活污水污染物削减情况

乡(镇)	污染物削减量(t/a)				剩余排放量(t/a)			
	COD	氨氮	总氮	总磷	COD	氨氮	总氮	总磷
桃城镇	32.52	9.76	16.25	3.25	162.59	16.26	48.78	1.63
五里街镇	12.55	3.77	6.28	1.25	62.74	6.27	18.82	0.63
蓬壶镇	128.90	10.38	16.14	2.79	21.28	2.13	6.38	0.21
达埔镇	106.39	8.57	13.32	2.30	17.56	1.76	5.27	0.18
吾峰镇	58.07	4.68	7.27	1.25	9.59	0.96	2.88	0.10
石鼓镇	263.37	21.22	32.99	5.71	43.47	4.35	13.04	0.43
东平镇	57.30	4.61	7.17	1.25	9.46	0.95	2.84	0.09
锦斗镇	113.50	9.15	14.22	2.45	18.74	1.87	5.62	0.19
苏坑镇	81.34	6.56	10.19	1.77	13.43	1.34	4.03	0.13
仙夹镇	66.30	5.35	8.31	1.43	10.95	1.09	3.28	0.11
东关镇	66.02	5.32	8.27	1.43	10.90	1.09	3.27	0.11
湖洋镇	84.56	6.81	10.59	1.83	13.96	1.40	4.19	0.14
九都镇	28.33	2.28	3.55	0.61	4.68	0.47	1.40	0.05

乡（镇）	污染物削减量(t/a)				剩余排放量(t/a)			
	COD	氨氮	总氮	总磷	COD	氨氮	总氮	总磷
龙浔镇	20.95	6.28	10.47	1.05	104.73	10.47	31.42	1.05
三班镇	78.63	6.34	9.85	1.70	12.98	1.30	3.89	0.13
龙门滩镇	0.00	0.00	0.00	0.00	26.46	2.20	3.97	0.53
浔中镇	9.41	2.82	4.70	0.47	47.04	4.70	14.11	0.47
赤水镇	0.00	0.00	0.00	0.00	13.12	1.09	1.97	0.26
合计	1 208.14	113.90	179.57	30.54	603.68	59.70	175.16	6.44

6.3 农村生活污水处理工程

由于湖洋镇、外山乡、锦斗镇、呈祥乡、苏坑镇、仙夹镇、岵山镇、吾峰乡等乡镇中部分村落农村生活污水已纳入2013年"以奖促治"中，因此，本次农村生活污水处理工程对其不进行重复考虑。

人口集中区：在人口相对集中区域（集中区人数在350人以上）建立生活污水收集管网，将农村生活污水收集后，采用人工湿地等工艺进行处理，使出水达到《城镇污水处理厂污染物排放标准》（GB 18918—2002）中的一级B标准。

根据调查，相对人口集中村庄拟建生活污水处理设施如表6.3.1所示。

表 6.3.1　农村生活污水处理设施一览表

建设位置	收集人口（人）	处理规模（m³/d）	推荐工艺
苏坑镇东坑村	863	70	厌氧生物滤池
介福乡紫美村	390	30	MBR/MSL
呈祥乡呈祥村	750	60	厌氧生物滤池
湖洋镇上坂村	531	40	生物接触氧化＋人工湿地
湖洋镇蓬莱村	3 921	290	生物接触氧化＋人工湿地
湖洋镇溪东村	2 057	150	生物接触氧化＋人工湿地
湖洋镇吾岭村	458	40	MBR/MSL

续表

建设位置	收集人口 （人）	处理规模 （m³/d）	推荐工艺
湖洋镇桃源村	2 641	190	生物接触氧化＋人工湿地
湖洋镇石厝村	1 021	80	厌氧生物滤池
湖洋镇清白村	1 979	150	生物接触氧化＋人工湿地
湖洋镇湖城村	3 748	270	生物接触氧化＋人工湿地
湖洋镇高坪村	655	50	厌氧生物滤池
湖洋镇白云村	799	60	厌氧生物滤池
石鼓镇风美村	1 256	90	厌氧生物滤池＋人工湿地
石鼓镇卿园村	638	50	厌氧生物滤池
石鼓镇桃星村	1 340	—	纳入永春县污水处理厂
石鼓镇吾江村	1 193	90	厌氧生物滤池＋人工湿地
石鼓镇半岭村	626	50	厌氧生物滤池
石鼓镇东安村	1 485	110	厌氧生物滤池＋人工湿地
石鼓镇大卿村	863	70	厌氧生物滤池
石鼓镇石鼓村	1 125	80	厌氧生物滤池＋人工湿地
石鼓镇桃场村	2 124	—	纳入永春县污水处理厂
石鼓镇社山村	1 155	90	厌氧生物滤池＋人工湿地
东关镇外碧村	600	50	MBR/MSL
东关镇东华社区	754	60	厌氧生物滤池
东关镇南美村	659	50	厌氧生物滤池
东关镇东关村	750	60	厌氧生物滤池
东关镇美升村	750	60	厌氧生物滤池
东关镇东美村	941	70	厌氧生物滤池
东关镇溪南村	1 058	80	厌氧生物滤池
东关镇内碧村	608	50	MBR/MSL
东平镇太山村	1 500	110	生物接触氧化＋人工湿地
东平镇冷水村	2 063	150	生物接触氧化＋人工湿地

建设位置	收集人口 （人）	处理规模 （m³/d）	推荐工艺
东平镇太平村	1 575	120	生物接触氧化＋人工湿地
东平镇东山村	2 357	170	生物接触氧化＋人工湿地
东平镇鸿安村	1 763	130	生物接触氧化＋人工湿地
东平镇霞林村	900	65	厌氧生物滤池
蓬壶镇汤城村	375	—	纳入蓬壶镇污水处理厂
蓬壶镇高丽村	692	50	厌氧生物滤池
蓬壶镇鹏溪村	1 350	—	纳入蓬壶镇污水处理厂
蓬壶镇孔里村	1 350	—	纳入蓬壶镇污水处理厂
蓬壶镇壶南村	2 738	—	纳入蓬壶镇污水处理厂
蓬壶镇壶中村	1 783	—	纳入蓬壶污水处理厂
蓬壶镇西昌村	2 989	220	生物接触氧化＋人工湿地
蓬壶镇美山村	2 256	—	纳入蓬壶污水处理厂
蓬壶镇都溪村	1 350	100	厌氧生物滤池＋人工湿地
蓬壶镇魁园村	1 500	110	生物接触氧化＋人工湿地
蓬壶镇东星村	600	50	MBR/MSL
达埔镇前峰村	1 675	120	生物接触氧化＋人工湿地
达埔镇狮峰村	773	60	厌氧生物滤池
达埔镇乌石村	2 408	180	生物接触氧化＋人工湿地
达埔镇溪源村	840	60	厌氧生物滤池
达埔镇新琼村	1 679	120	生物接触氧化＋人工湿地
达埔镇新溪村	1 370	100	厌氧生物滤池＋人工湿地
达埔镇延寿村	924	70	厌氧生物滤池
达埔镇岩峰村	2 168	160	生物接触氧化＋人工湿地
达埔镇伏溪村	1 955	140	生物接触氧化＋人工湿地
达埔镇光烈村	1 066	80	厌氧生物滤池
达埔镇汉口村	1 979	150	生物接触氧化＋人工湿地

续表

建设位置	收集人口 （人）	处理规模 （m³/d）	推荐工艺
达埔镇洪步村	1 489	110	生物接触氧化＋人工湿地
达埔镇建国村	926	70	厌氧生物滤池
达埔镇金星村	1 673	120	生物接触氧化＋人工湿地
达埔镇蓬莱村	884	70	厌氧生物滤池
达埔镇东园村	1 223	90	厌氧生物滤池＋人工湿地
达埔镇达中村	2 796	200	生物接触氧化＋人工湿地
达埔镇达山村	3 002	220	生物接触氧化＋人工湿地
达埔镇达理村	2 401	180	生物接触氧化＋人工湿地
达埔镇达德村	1 492	110	厌氧生物滤池＋人工湿地
达埔镇楚安村	990	70	厌氧生物滤池
五里街镇仰贤村	2 511	—	纳入永春县污水处理厂
五里街镇西安村	1 617	—	纳入永春县污水处理厂
五里街镇吾东村	2 100	150	生物接触氧化＋人工湿地
五里街镇吾边村	638	50	MBR/MSL
五里街镇埔头村	2 183	160	生物接触氧化＋人工湿地
五里街镇儒林社区	9 450	—	纳入永春县污水处理厂
五里街镇华岩社区	5 765	—	纳入永春县污水处理厂
五里街镇高垅村	1 455	110	厌氧生物滤池＋人工湿地
九都镇美星村	1 736	130	厌氧生物滤池＋人工湿地
九都镇彭林村	1 284	—	并入北翼污水处理厂
九都镇林坑村	1 544	110	厌氧生物滤池＋人工湿地
九都镇新民村	1 308	100	厌氧生物滤池＋人工湿地
九都镇新峰村	1 350	—	并入北翼污水处理厂
九都镇墩兜村	570	40	MBR/MSL
九都镇新东村	3 800	—	并入北翼污水处理厂
九都镇和安村	1 200	90	厌氧生物滤池＋人工湿地

续表

建设位置	收集人口 （人）	处理规模 （m³/d）	推荐工艺
九都镇秋阳村	506	40	MBR/MSL
龙门滩镇苏洋村	600	40	MBR/MSL
龙门滩硕儒村	600	40	MBR/MSL
浔中镇石鼓村	1 512	100	生物接触氧化＋人工湿地
浔中镇石山村	2 200	140	生物接触氧化＋人工湿地
三班镇奎斗村	2 200	140	生物接触氧化＋人工湿地
盖德乡盖德村	2 171	140	厌氧＋人工湿地
盖德乡有济村	2 623	180	厌氧＋人工湿地
赤水镇戴云村	1 587	130	厌氧＋人工湿地
赤水镇福全村	1 480	120	厌氧＋人工湿地
三班镇东山洋村	2 200	150	生物接触氧化＋人工湿地
三班镇蔡径村	1 300	80	微动力厌氧＋人工湿地
三班镇三班村	4 000	270	生物接触氧化＋人工湿地
三班镇泗滨村	3 500	250	生物接触氧化＋人工湿地
码头镇码肆村	800	60	厌氧生物滤池
码头镇康安村	2 600	180	生物接触氧化＋人工湿地
合　计	166 982	9 345	—

注：MBR——膜生物反应器；MSL——多介质土壤层系统。

分散人口区：分散人口区生活污水较难收集集中处理，因此鼓励构建农村沼气工程，将分散人口区生活污水处理与农村改厕、改厨、改圈相结合，把秸秆、散养畜禽粪便、垃圾农村"三废"转化为生物质能源和有机肥料，采用"养殖业—沼气池—种植业—养殖业"循环发展的农业经济模式，既可减少化肥、农药的施用量，又能有效推动设施农业的发展。本研究污染物削减量和工程费用对分散人口生活污水不予考虑。

通过集中区农村生活污水处理工程，农村生活污水污染物削减情况及剩余排放量情况见表 6.3.2。通过对流域农村生活污水处理工程的实施，农村生活污水污染物的削减量为：COD 836.22 t/a、氨氮 237.02 t/a、总氮 246.43 t/a、总磷 25.48 t/a，剩余排放量为：COD 1 243.92 t/a、氨氮 270.33 t/a、总氮 387.78 t/a、总磷 30.33 t/a。

表 6.3.2　农村生活污水污染物削减情况

类别	污染物削减量(t/a)				剩余排放量(t/a)			
	COD	氨氮	总氮	总磷	COD	氨氮	总氮	总磷
集中村	836.22	237.02	246.43	25.48	299.04	39.87	99.68	4.98
分散人口区	—	—	—	—	944.88	230.46	288.10	25.35
合计	836.22	237.02	246.43	25.48	1 243.92	270.33	387.78	30.33

6.4　畜禽养殖治理工程

根据《福建省人民政府关于加强重点流域水环境综合整治的意见》(闽政〔2009〕16号)、《泉州市人民政府关于印发加强山美水库流域管理和保护的规定的通知》(泉政〔2009〕8号)和《永春县人民政府关于重新划定畜禽养殖禁建区、禁养区的通知》(永政文〔2009〕140号)的文件要求,将流域划为禁养区、禁建区和可养殖区。其中,禁养区禁止任何畜禽养殖,禁养区范围内的已建成的畜禽养殖场,由地方人民政府负责责令限期搬迁、关闭或取缔;禁建区为限定畜禽养殖数量,禁止新建规模化畜禽养殖场,禁建区内现有的畜禽养殖场由所在地人民政府责令限期治理,并达到排放总量控制要求,无法完成限期治理的,应搬迁或关闭。流域内的禁养区为:城市规划区范围内(县城规划区及周边1 km范围内,建制镇、乡建成区及周边500 m范围内);饮用水源保护区范围内(水库水源保护区及上游水域及其两侧外延100 m范围内,一级保护区两岸1 km范围内,桃溪、湖洋溪两岸1 km范围内)。流域内的禁建区为畜禽养殖禁养区外500 m范围内。

山美水库流域畜禽养殖分为规模化养殖治理和分散畜禽养殖治理两种。

6.4.1　规模化养殖治理工程

山美水库流域内规模化养殖场整治措施如下:

① 搬迁:根据上述文件精神,对位于禁养区和区段水环境质量恶化段的禁建区养殖场建议在2014年底前搬迁到流域外。

② 污染治理处理设施改造：目前流域内养殖场的生产工艺均为湿清粪，处理工艺是废水经稀释后直排，粪渣经简单堆置后，作为果树肥料。按国家规定，规模化养殖场所产生的污水应当再处理后达到《畜禽养殖业污染物排放标准》(GB 18596—2001)的要求。建议搬迁后的新建养殖场与需要改造的养殖场一样，应进行生产工艺的改造，生产工艺改为干清粪，减少污水产生量，建设污水处理装置，利用厌氧水解和沼气发酵，使得出水达标，同时结合(新建)厂址周边条件，可以将出水提升至附近果林和山林进行浇灌，回用或进一步净化，粪渣经高温堆肥后作为果林废料，污染物不外排。要求流域内规模化畜禽养殖场污染治理处理设施改造在2014年底前完成。流域敏感区域今后不得新建规划化养殖场。

6.4.2 散养养殖治理工程

散养养殖治理不包括2013年"以奖促治"对畜禽养殖进行综合治理的外山乡墩溪村、福溪村、草洋村。

为保护山美水库饮用水源地水质安全，根据国家环保总局《畜禽养殖污染防治管理办法》等有关规定，将水库周边及保护区范围设为禁养区，在禁养区范围内，严禁畜禽养殖活动，违者依照有关法律、法规进行处罚。禁养区内必须于2014年底前禁止一切养殖活动，违者依照有关法律、法规进行处理，并强制关闭。流域内禁养区及通过禁养有关污染物的削减情况见表6.4.1。

表 6.4.1 禁养区内散养畜禽污染物削减情况

序号	乡(镇)	禁养时间	污染物削减量(t/a)				剩余排放量(t/a)				禁养村庄数/总村庄数
			COD	氨氮	总氮	总磷	COD	氨氮	总氮	总磷	
1	桃城镇	2014年年底前完成	173.20	30.97	55.74	7.74	144.33	25.80	46.45	6.45	12/22
2	五里街镇		237.68	42.49	76.48	10.63	23.77	4.25	7.65	1.06	10/11
3	蓬壶镇		201.17	35.97	64.74	8.99	114.96	20.55	37.00	5.13	14/22
4	达埔镇		172.27	30.80	55.44	7.69	106.01	18.95	34.11	4.74	13/21
5	吾峰镇		121.68	21.75	39.15	5.44	73.01	13.05	23.49	3.26	5/8
6	石鼓镇		198.23	35.43	63.78	8.86	123.90	22.15	39.86	5.54	8/13
7	东平镇		132.78	23.74	42.73	5.93	165.98	29.67	53.41	7.42	4/9
8	锦斗镇		48.62	8.69	15.64	2.18	48.62	8.69	15.64	2.18	3/6

续表

序号	乡(镇)	禁养时间	污染物削减量(t/a)				剩余排放量(t/a)				禁养村庄数/总村庄数
			COD	氨氮	总氮	总磷	COD	氨氮	总氮	总磷	
9	呈祥乡		35.75	6.39	11.51	1.59	17.88	3.20	5.75	0.80	2/3
10	苏坑镇		34.29	6.13	11.03	1.53	85.71	15.32	27.58	3.83	2/7
11	仙夹镇	2014年年底前完成	0.00	0.00	0.00	0.00	117.42	21.00	37.80	5.25	0/8
12	东关镇		43.93	7.85	14.13	1.96	61.50	10.99	19.78	2.75	5/12
13	胡洋镇		157.76	28.21	50.77	7.05	65.74	11.75	21.16	2.94	12/17
14	介福乡		45.66	8.16	14.69	2.04	0.00	0.00	0.00	0.00	3/3
15	外山乡		65.99	13.48	24.26	3.78	65.99	13.48	24.26	3.78	2/4
16	九都镇		130.18	23.27	41.89	5.81	0.00	0.00	0.00	0.00	10/10
	合计		1799.18	323.32	581.97	81.22	1 214.82	218.85	393.94	55.11	—

通过流域内畜禽养殖治理工程的实施,畜禽养殖污染物的削减量为:COD 2 177.42 t/a、氨氮 399.13 t/a、总氮 744.62 t/a、总磷 112.52 t/a,剩余排放量为:COD 1 856.14 t/a、氨氮 333.51 t/a、总氮 601.76 t/a、总磷 83.77 t/a。

表 6.4.2　流域畜禽养殖污染物削减情况

类别	削减量(t/a)				剩余排放量(t/a)			
	COD	氨氮	总氮	总磷	COD	氨氮	总氮	总磷
规模化养殖搬迁或关闭	63.83	9.51	17.71	6.01	0.00	0.00	0.00	0.00
规模化养殖改造	314.41	66.30	144.94	25.29	0.00	0.00	0.00	0.00
禁养	1 799.18	323.32	581.97	81.22	1 214.79	218.85	393.94	55.11
合计	2 177.42	399.13	744.62	112.52	1 214.79	218.85	393.94	55.11

6.5　农业面源污染控制工程

山美水库流域内桃溪、湖洋溪及其支流两岸农田、水浇地及旱地分布较为广泛,由于农药化肥的过度施用,加之农田水利系统现状相对较差,田埂规格较低,在降水的作用下,各种农药、化肥及其他营养物质随农田排水及地表径流进入河道,导致桃溪、湖洋溪及其支流水质下降。

　　针对农业面源污染的成因、过程,需要加强对农业种植结构和耕作技术的优化调整,从源头上减少农药、化肥的使用量,减少面源污染源。在各地块现有田埂的基础上进行加高、加宽,建设生态田埂,拦蓄初期雨水,减少初期雨水进入河道的数量。在现有农田沟渠的基础上,理顺各地块的排灌系统,引导农田有序排水,构建生态沟渠,在排水过程中,通过生物的吸收、吸附和分解作用,降低农田面源污染强度。在生态沟渠末端构建池塘系统,营造小型湿地,集中吸收、吸附和分解各类面源污染物,降低排入河道的面源污染物浓度。在紧邻河道布置的农田地块,构建生态隔离带,拦截随地表径流进入河道的泥沙和各类营养物质。

　　(1)生态田埂

　　生态田埂主要布设在桃溪干流、湖洋溪干流及其主要支流两侧的农田地块。生态田埂采用在原有田埂上夯土加高的方式构建,部分原有田埂过窄的需要加宽,断面顶部宽 0.6~1.0 m,高 0.3~0.5 m,边坡 1：0.5,两侧边坡撒播草籽进行覆绿,根据永春县常用的绿化草种,选用紫云英、白三叶和黑麦草等。

　　(2)生态沟渠

　　生态沟渠主要布设在桃溪干流、湖洋溪干流及其主要支流两侧的农田地块。对于需硬化的斗渠,采用砼预制 U 形槽结构,宽 0.5~0.8 m,深 0.5~0.8 m, U 形槽中预留镂空的植物生长孔,为后期植物生长预留空间,可以选择眼子菜、泽泻等植物。农渠采用土质沟槽,梯形断面,宽 0.3~0.4 m,深 0.3~0.4 m,边坡 1：0.5,农渠中可种植一排水生植物,可以选用茭白、慈姑等。

　　(3)植物缓冲带

　　植物缓冲带一般紧邻河岸设置,采用乔灌草相结合的方式布置,乔木选用桃树、樟树、枫树等,栽植密度为 800~1 500 株/hm²,灌草选用杜鹃、苦竹等,采用撒播的方式,撒播密度为 60~80 kg/hm²。

　　(4)池塘系统

　　池塘系统利用农田间的池塘构建,一般布设在沟渠排灌系统进入河道前的位置。按照泉州市 10 年一遇 1 h 暴雨量 61 mm,农田径流系数 0.7,1 hm² 农田的池塘系统需具备 430 m³ 的蓄水量,按照池塘蓄水深度 3 m 计算,则每 1 hm² 池塘系统需池塘面积 144 m²,可见池塘系统约占农田总面积的 1.44%。

　　池塘系统的引排水系统主要结合生态沟渠建设完成,池塘开挖后需铺设具有透水性的基质,如土壤、砂、砾石等。池塘系统选种湿地植物,如芦苇、香蒲、鸢尾等。

流域内各乡镇农业面源污染治理措施工程如表 6.5.1 所示。

表 6.5.1　农业面源污染治理措施工程表

乡镇	生态田埂 (km)	生态沟渠 (km)	植物缓冲带 (km)	池塘系统 (个)
蓬壶镇	84.0	77.7	13.8	78
达埔镇	86.7	80.3	20.0	80
石鼓镇	75.8	70.2	14.0	70
五里街镇	59.3	54.9	19.5	55
桃城镇	32.4	30.0	9.4	30
仙夹镇	41.0	37.3	11.1	40
吾峰镇	22.5	20.8	5.9	20
东平镇	41.7	38.7	11.7	38
东关镇	25.2	23.4	6.8	23
九都镇	77.6	71.2	16.6	65
苏坑镇	23.4	21.7	13.3	22
锦斗镇	14.8	13.8	11.7	14
呈祥乡	12.1	11.2	10.1	12
外山乡	25.6	23.8	7.4	25
湖洋镇	76.2	70.6	15.3	74
总计	698.3	645.6	186.6	646

(5) 管理措施

① 种植结构调整

改变种植结构,在流域内发展经济林业、无公害食品、绿色食品、有机食品,减少或杜绝污染物产生,控制叶菜等高施肥量农作物,发展不施用或少施用化肥的农作物、优质果园和经济果林。

② 施肥系统调整

针对流域内农田、园地等分布面广、分散的特点,可通过设立示范区进行配方施肥推广,具体由农业科技人员对示范区内的土壤养分进行诊断,并按照流域内栽植庄稼需要的营养情况,进行科学配方,制定测土配方施肥建议卡,农民根据配方建议卡自行购买各种肥料,配合施用。最终做到因土、因作物、因生育期、因肥效配方施肥推广有机肥,不断优化配方施肥技术,在配方上坚持大量元素和微量元素相结合,逐渐向微肥发展。

结合对流域内畜禽养殖场的整治和改造,合理利用沼液、沼渣等有机肥料,引导农民因地制宜开发利用有机肥源。无机肥、有机肥结合施用,做到平衡施肥。

表面施肥会增加径流溶解、携带的机会,流失量较大,而化肥深施技术已作为节本增效工程,在全国推广实施,深施技术可防止抛撒,减少流失和污染,提高肥料利用率和经济效益。

③ 大力提倡节水灌溉

针对水田长期泡水,土壤溶液中矿质态氮和可溶性磷的浓度都较高这一情况,在实际的生产中,实行水田灌溉的定额制度。即稻田施肥耕翻后,灌水泡田,要控制水量,避免大水猛灌。水稻生长前期,田内应保持适当水层,田面留出一定的空间用于积蓄降水水量,以减少插秧前的泡田弃水量。水稻生长期间,田面应始终保持浅水层,根据水稻生长状况、土质和天气,实行勤灌水,灌浅水,以此大大减少暴雨期间田面水的外溢,即使在烤田前也不因水层太厚要排溢田面水。

（6）农业面源污染负荷削减

生态沟渠的构建,使得在农田排水过程中,通过生物的吸收、吸附和分解作用,降低农田面源污染强度;在生态沟渠末端构建池塘系统,可集中吸收、吸附和分解各类面源污染物,降低排入河道的面源污染物的浓度。在沿河管理范围构建生态隔离带,拦截随地表径流进入河道的泥沙及各类营养物质,可提高河道水质。通过以上一系列工程措施,可有效削减农业面源污染 60%～80%。此外,通过种植结构调整,施肥系统调整以及节水灌溉等管理措施,预期削减农业面源污染 20%～30%。综合分析以上一系列工程措施与非工程措施,估算可削减农业面源污染约 80%。农业面源污染物的削减量为:COD 1 682.70 t/a、氨氮 336.54 t/a、总氮 572.11 t/a、总磷 69.56 t/a;剩余排放量为:COD 1 822.92 t/a、氨氮 364.58 t/a、总氮 619.79 t/a、总磷 75.36 t/a。

6.6 农村生活垃圾收集、转运、处理系统工程

山美水库流域内除永春县桃城镇具有比较完善的垃圾收运处理系统和规范的生活垃圾卫生填埋场外,其他乡镇仅对乡镇区垃圾收集点进行清运。农村生活垃圾收集率低下,部分村庄建设了垃圾收集点,但是清运不及时,后续处理不规范,大部分垃圾露天堆放,部分生活垃圾沿河流两岸乱堆乱放。目前流域内已建设了垃圾卫生填埋场,因此主要应配置流域垃圾收集、转运设施。

考虑到流域内各乡镇经济、交通状况,生活垃圾可采用以下收运模式:

① 村落垃圾收运模式

居民投放自然村垃圾箱—村庄保洁人员收集—自然村收集点—2 t 机动小车运输—行政村运输人员运输—行政村垃圾收集点—5 t 收集车转运—外运填埋。

② 乡镇垃圾收运模式

垃圾箱收集—2 t 机动小车或人力小车运输—垃圾收集点/垃圾转运站—5/10 t 收集车转运—外运填埋。

同时,由于德化县内没有生活垃圾填埋场,为解决区域生活垃圾出处问题,计划在德化县建设高内坑生活垃圾填埋场,总库容为 365.54 万 m^3,其中一期库容为127.6 万 m^3,建成后德化县生活垃圾能得到有效处理处置。

通过上述措施,流域内农村生活垃圾处理率可达 80%,农村生活垃圾污染物的削减量为:COD 1 730.06 t/a、氨氮 254.80 t/a、总氮 440.41 t/a、总磷 88.07 t/a;剩余排放量为:COD 432.51 t/a、氨氮 63.70 t/a、总氮 110.10 t/a、总磷 22.02 t/a。

6.7 城镇径流污染控制工程

随着城市化步伐的不断加快,城市中不可渗透的表面也不断增多,导致由雨水径流引起的非点源污染成为河流湖泊等水体黑臭的重要因素之一。城市地面污染的加剧使得初期雨水径流污染问题日益突出,如汽车产生的污染物、屋面建

筑材料、混凝土道路垃圾和城区污水等,污染物几乎都集中在初期几毫米的降雨中,其污染负荷远高于降雨中后期。相关研究显示,城市水体中 BOD 与 COD 的总含量约 40%～80%来自面源,在降雨较多的年份中,90%～94%的总 BOD 与 COD 负荷来自城市下水道的溢流。城市地表径流中污染物 SS、重金属及碳氢化合物的浓度与未经处理的城市污水基本相同。

结合城区建设及管网建设现状,城镇径流处理考虑采用近远期相结合的方式,近期采用对现有管网封管分流改造的方式,将建成区初期雨水接入污水处理厂处理,远期采用"最佳管理措施"方式。

通过对城镇径流污染进行控制,城镇径流处理率可达 60%,处理后的尾水达到《城镇污水处理厂污染物排放标准》(GB 18918—2002)一级 A 标准再排放,实施后城镇径流污染物的削减量为:COD 999.81 t/a、氨氮 0.00 t/a、总氮 154.21 t/a、总磷6.60 t/a;剩余排放量为:COD 1 028.79 t/a、氨氮 25.37 t/a、总氮 106.62 t/a、总磷5.71 t/a。

6.8 污染源防治工程污染物削减量汇总

通过污染源防治工程对流域内工业废水、畜禽养殖废弃物、城镇生活污水、农村生活污水、农业面源、农村生活垃圾和城镇径流等进行处理后,污染物的削减量为:COD 8 958.20 a/t、氨氮 1 473.35 a/t、总氮 2 491.90 a/t、总磷 338.07 a/t;剩余排放量为:COD 7 051.19 a/t、氨氮 1 120.09 a/t、总氮 2 009.58 a/t、总磷 224.65 a/t,如表6.8.1所示。

表 6.8.1　流域污染源治理工程实施后污染物排放量削减情况

类别	污染物削减量(t/a)				剩余排放量(t/a)			
	COD	氨氮	总氮	总磷	COD	氨氮	总氮	总磷
工业废水	323.85	131.96	154.55	5.30	63.23	2.90	8.37	1.02
畜禽养殖	2 177.42	399.13	744.62	112.52	1 856.14	333.51	601.76	83.77
城镇生活污水	1 208.14	113.90	179.57	30.54	603.68	59.70	175.16	6.44
农村生活污水	836.22	237.02	246.43	25.48	1 243.92	270.33	387.78	30.33

类别	污染物削减量(t/a)				剩余排放量(t/a)			
	COD	氨氮	总氮	总磷	COD	氨氮	总氮	总磷
农业面源	1 682.70	336.54	572.11	69.56	1 822.92	364.58	619.79	75.36
农村生活垃圾	1 730.06	254.80	440.41	88.07	432.51	63.70	110.10	22.02
城镇径流	999.81	0.00	154.21	6.60	1 028.79	25.37	106.62	5.71
合计	8 958.20	1 473.35	2 491.90	338.07	7 051.19	1 120.09	2 009.58	224.65

污染源防治工程实施后,流域内工业废水、畜禽养殖废弃物、城镇生活污水、农村生活污水、农业面源、农村生活垃圾和城镇径流等的入河污染负荷削减量见表 6.8.2。其中,城镇生活污水、工业废水和农村生活污水经污水处理厂处理后的排放量视为入河量,农村集中村生活污水处理实施排水入河系数为 0.5,其他按入河系数参照表 2.2.12 的相关数据进行计算。

表 6.8.2 流域污染源处理工程实施后污染物入河污染负荷削减情况

类别	入河污染负荷削减量(t/a)				剩余入河污染负荷(t/a)			
	COD	氨氮	总氮	总磷	COD	氨氮	总氮	总磷
工业废水	290.48	118.85	138.75	4.85	63.23	2.90	8.37	1.02
畜禽养殖	653.24	119.76	223.39	33.74	556.84	100.05	180.53	25.13
城镇生活污水	1 055.24	100.26	153.34	27.58	602.37	59.59	174.96	6.41
农村生活污水	20.79	21.61	2.08	2.09	291.25	54.50	93.06	6.29
农业面源	336.54	67.32	114.43	13.91	364.58	72.92	123.96	15.07
农村生活垃圾	259.52	38.21	66.06	13.19	64.88	9.56	16.52	3.30
城镇径流	878.09	0.00	138.57	5.87	947.65	22.84	96.18	5.21
合计	3 493.90	466.01	836.62	101.23	2 890.80	322.36	693.58	62.43

7 流域生态保育工程方案

7.1 流域水土流失防治工程

山美水库流域内农业活动频繁,加上不合理利用森林资源,乱砍滥伐,植被大量破坏,导致地表裸露,土壤蓄水保土能力下降,水土流失越发严重。水土流失强度以轻、中度为主,占水土流失总面积的87.8%。受亚热带季风气候的控制,流域降雨集中且强度较大,水土流失类型以水力侵蚀为主,部分区域有崩岗发育,主要水土流失形式为面蚀和沟蚀。

流域大部分果园分布在海拔200～500 m范围的丘陵地带,且部分果园分布在陡坡地上,由于果林管理活动,林下多为裸地,加之陡坡或顺坡耕种,无水土保持措施防护,在降雨和地表径流的冲刷下,土壤流失较为严重。随着城镇沿河流两岸带状扩张,因城镇建设、公路建设等生产建设项目造成的水土流失也越来越严重。同时受地形、土壤等因素影响,部分区域崩岗发育,使得流域内水土流失潜在危害较大。

7.1.1 坡改梯工程

(1)建设范围及布局

根据山美水库流域内坡耕地特点,选择坡度较缓、土层较厚、土质较好、离村庄较近的坡耕地实施坡改梯工程,共实施坡改梯456 hm²,主要分布在锦斗镇、苏坑镇、蓬壶镇、达埔镇和石鼓镇等13个乡镇的缓坡地上。各乡镇坡改梯建设范围详见表7.1.1。

(2)坡改梯方式

通过对相邻碎小的地块进行梳理整合,减少田埂占地,充分利用地块间的闲散地,增加耕地面积。

表 7.1.1　流域坡改梯建设范围表

序号	乡镇	面积(hm²)	主要分布区域
1	锦斗镇	25	云路村、卓湖村、珍卿村
2	呈祥乡	20	呈祥村、西村村、东溪村
3	苏坑镇	34	熙里村、东坑村、洋坪村、光明村、嵩安村
4	蓬壶镇	65	魁园村、魁都村、军兜村、汤城村、壶南村、观山村、丽里村
5	吾峰镇	10	吾顶村
6	达埔镇	65	溪源村、新琼村、达德村、汉口村、达理村、东园村、光烈村、狄溪村
7	石鼓镇	75	卿园村、狄江村、石鼓村、桃星村
8	五里街镇	15	高垅村、埔头村
9	东平镇	12	鸿安村
10	东关镇	5	溪南村、东关村
11	三班镇	40	东山洋村、奎斗村、三班村、泗滨村
12	龙门滩镇	55	硕儒村、苏洋村
13	浔中镇	35	石鼓村、石山村
合　计		456	

实施坡改梯工程对坡耕地进行改造,按照"大弯就势、小弯裁直、生土平整、耕作土复原、当年建设、当年不减产"的原则,沿等高线方向布设梯田(地)。在坡改梯过程中,要尽可能控制挖填平衡,减少土方开挖。根据区块周边条件选择土坎或石坎梯田。修筑的土坎、石坎上布设蓄水埝,梯田内侧坡脚设置排水沟。

在进行坡改梯建设的同时,沿等高线布置截水沟拦截坡面汇水,末端与排水沟相连,通过排水沟将汇水导排至当地沟道。蓄水池建设应与坡改梯建设过程中的土地整理相结合,尽量布置在汇水面积大、有利于积水的低洼地方,积蓄降水为农业生产提供水源。在地形条件不允许布置蓄水池的地块可通过修建蓄水型截水沟,增加地表渗入量,改善作物生长条件。

各乡镇坡改梯建设工程详情见表 7.1.2。

表 7.1.2　流域坡改梯建设工程表

乡镇	坡改梯 (hm²)	截排水沟 (m)	蓄水池 (座)	田间道路 (m)
锦斗镇	24.75	3 710	12	1 240
呈祥乡	20.28	3 050	10	1 020
苏坑镇	33.68	5 050	17	1 690
吾峰镇	10.32	1 550	5	520
石鼓镇	72.74	10 900	37	3 630
蓬壶镇	63.80	9 570	32	3 190
达埔镇	66.21	9 930	34	3 310
五里街镇	16.55	2 480	8	830
东平镇	11.13	1 660	5	560
东关镇	5.10	760	2	250
三班镇	35.90	5 150	20	1 850
龙门滩镇	37.20	5 280	23	1 970
浔中镇	35.50	5 050	18	1 750
合计	433.16	64 140	223	21 810

7.1.2　坡地经果林治理

（1）建设范围及布局

流域内坡地经果林治理主要分布在蓬壶、苏坑、吾峰、达埔、石鼓、五里街、桃城、九都、三班和龙门滩 10 个乡镇,治理面积 1 577 hm²,治理情况详见表 7.1.3。

表 7.1.3　流域坡地经果林治理情况汇总

序号	乡镇	面积(hm²)	主要分布区域
1	蓬壶镇	383	仙岭村、汤城村、观山村、西昌村、高丽村、南幢村、八乡村、联星村、都溪村、魁园村
2	苏坑镇	120	洋坪村、熙里村、东坑村、光明村、嵩安村
3	吾峰镇	173	梅林村、吾顶村、枣岭村、择水村、吾中村、吾西村

续表

序号	乡镇	面积(hm²)	主要分布区域
4	达埔镇	197	光烈村、狄溪村、达理村、溪源村、达山村
5	石鼓镇	197	石鼓村、凤美村、卿园村、桃联村
6	五里街镇	103	吾东村
7	桃城镇	84	德风社区、桃溪社区、济川社区
8	九都镇	20	洪山茶场
9	三班镇	160	东山洋村、奎斗村、三班村、泗滨村
10	龙门滩镇	140	硕儒村、苏洋村
合　计		1 577	—

（2）治理方法

对具有一定规模，集中连片，交通条件相对较好，水土流失较为严重的坡地经果林实施坡改梯；同时，为防止坡面径流冲刷，减少林下水土流失，还要在坡地经果林内设置截水沟、沉沙池和蓄水池，并在林下撒播草籽进行绿化。此外，还要完善配套林间道路工程，改善生产条件。

通过截排水沟和沉沙池的布设，以拦截导排地表径流、沉淀径流中携带的泥沙；通过在林下撒播草籽，以减少降水对地表的冲刷，并尽可能减少对果树的负面影响，提高效益；通过蓄水池建设，为果园经营用水提供一定的水源。

截水沟每隔 20～30 m 高差设一条，基本平行于等高线布置，每隔 300～500 m 横向水平距离设置顺坡向的排水沟。截排水沟一般采用预制砼结构或浆砌石结构，U 型或矩形断面。截水沟和排水沟呈交叉布置，并在截排水沟末端设沉沙池。

沉沙池一般采用矩形断面，浆砌石结构或砖砌结构，可根据建筑材料的来源进行选择。

蓄水池根据地形条件和用水地块布置在截水沟末端，一般采用 10～30 m³ 敞开式矩形形式，砖砌结构。

林下撒播草籽一般选用浅根系、不影响果树生长，并具有一定经济效益的草种，如白三叶、黑麦草等，草籽撒播密度 60 kg/hm²。

新建林间道路可结合截排水沟布设,并与已有道路连通,形成网络,方便生产管理及运输。

结合流域现状和类似工程经验,确定坡地经果林治理的主要工程量,具体见表 7.1.4。

表 7.1.4 流域坡地经果林治理工程表

乡镇	土坎梯田 (hm²)	田间道路 (m)	截排水沟 (m)	沉沙池 (座)	蓄水池 (座)	撒播草籽 (hm²)
苏坑镇	24.00	6 000	18 000	36	24	120.00
吾峰镇	34.47	8 620	25 680	52	34	172.38
石鼓镇	39.55	9 900	29 670	60	39	197.77
蓬壶镇	76.56	19 150	57 430	116	76	382.82
达埔镇	39.48	9 870	29 610	59	40	197.36
五里街镇	20.66	5 160	15 490	31	21	103.29
桃城镇	14.12	3 540	10 600	25	17	83.60
九都镇	12.76	3 192	9 572	19	13	63.80
三班镇	26.00	6 500	19 000	40	25	130.00
龙门滩镇	25.00	6 300	18 500	38	24	125.00
合计	312.60	78 232	233 552	476	313	1 576.02

7.1.3 封禁治理

(1) 封禁范围及布局

流域共实施封禁治理面积 5 498 hm²,主要分布在人畜活动频繁、郁闭度 0.2 以下的疏林地、灌木林地、幼林地等,以及海拔 500 m 以上、植被生长状况相对较好、人和牲畜活动难以到达的区域。各乡镇封禁治理情况见表 7.1.5。

表 7.1.5 流域各乡镇封禁治理汇总表

乡镇	面积 (hm²)	管护员 (人)	封禁标志 牌(个)	主要分布区域
锦斗镇	680	7	20	云路村、珍卿村、卓湖村、锦溪村
呈祥乡	360	4	16	呈祥村、西村村、东溪村
苏坑镇	105	1	20	熙里村、嵩溪村、光明村、嵩山村

续表

乡镇	面积（hm²）	管护员（人）	封禁标志牌（个）	主要分布区域
蓬壶镇	1 050	11	50	都溪村、南幢村、八乡村、高丽村、观山村、仙岭村、汤城村、魁园村、壶南村、鹏溪村
吾峰镇	438	5	20	后垅村、吾中村、吾西村、梅林村
达埔镇	815	8	35	岩峰村、东园村、洑溪村、达理村、狮峰村、洪步村、新琼村
石鼓镇	315	3	35	石鼓村、卿园村、凤美村、洑江村、桃星村、桃场村、桃联村
五里街镇	58	1	8	蒋溪村、吾东村
桃城镇	225	3	35	德风社区、榜头社区、洛阳村、济川社区、花石村、大坪村、南星村
东平镇	67	1	15	鸿安村、太山村、冷水村
东关镇	23	1	10	溪南村、东关村
三班镇	320	3	35	东山洋村、奎斗村、三班村、泗滨村
龙门滩镇	315	3	35	硕儒村、苏洋村
赤水镇	435	5	20	戴云村、福全村
浔中镇	67	1	15	石鼓村、石山村
盖德乡	225	3	35	盖德村、有济村
合计	5 498	60	404	—

（2）封禁方法

① 由流域所在的镇政府制订封禁的管理制度和相应的乡规民约并予公告，做到家喻户晓，连续 3 年；

② 有专人负责管理（100 hm² 设 1 名管护员），并订立合同关系；

③ 封禁区界线和标志明显，在各个封禁区周界明显处，如主要山口、沟口、河流交叉点、主要交通路口等树立封禁标志牌，注明封禁区的四置和护林员名单，以及封禁时间等。

④ 封禁区禁止挖树兜、铲草皮、扒松毛和割牧草；坚决制止开采矿石行为，防止森林火灾、乱砍滥伐、乱取土采石等现象的发生。

⑤ 对稀疏幼林地块和可以恢复森林植被的地块，掌握好补植补造节令，由镇（街道）、村组织农民投工投劳，进行补种，尽快恢复林地植被。

7.1.4　崩岗治理

（1）基本现状及存在问题

目前,流域崩岗数量达 234 个,涉及 10 个乡镇,崩岗面积 111.91 hm²,且大部分处于活跃阶段。崩岗侵蚀会切割山体,造成山体支离破碎,山体崩塌,产生的大量泥沙会淤积河道、水库及水利设施,埋没农田等,对流域的人民群众生命财产安全和社会经济发展造成威胁。

（2）治理方法

① 上截

实施沟头防护工程截断崩岗体上游坡面径流,固定沟头,防止崩岗溯源侵蚀。在崩岗顶部外沿 5 m 左右,布设截水沟,防止坡面径流进入崩岗内。

截水沟长度以能防止坡面径流进入崩口为准,按 5 年一遇 24 h 暴雨标准设计,并沿等高线布设,比降应小于 1%,一般采用预制砼结构或浆砌石结构,以防止冲毁。

② 中削

对崩岗内的陡壁进行等高削级,放缓崩塌面的坡度,截短坡长,减缓土体重力和径流的冲刷力。

③ 下堵

在崩岗沟口修建挡土墙、筑谷坊、拦沙坝等,以拦蓄径流泥沙,抬高侵蚀基准面,稳定沟床,防止崩壁底部淘空塌落。

拦沙坝主要布置在水土流失严重且易造成灾害的区域,一般选择沟道比降较大、水流流速较大、河床冲刷严重、径流泥沙含量较大的河段内,主要起减缓水流流速、拦蓄山洪、淤积泥沙,减轻水土流失对下游河道淤积的作用。

根据流域内沟道特点,拦沙坝按 20 年一遇 24 h 暴雨标准设计,采用浆砌石结构,坝高 3~5 m。

谷坊主要修建在沟底比降较大、沟底下切剧烈发展的沟段。其主要功能为巩固并抬高河床,制止沟底下切,同时也稳定沟坡,制止沟岸扩展而发生崩塌、滑坡和泻溜等。根据坝址附近实际情况可选择土谷坊、石谷坊或植物谷坊等。

根据流域内沟道特点条件,谷坊按 10 年一遇 24 h 暴雨标准设计,采用浆砌石结构,谷坊高度一般为 2~4 m。

④ 内外绿化

在崩岗内部和外部(坡面)种草造林,按照适地适树的原则进行绿化。崩岗内部水土条件较好,栽植麻竹、米槠、栲树、樟树、木荷、枫香等当地阔叶树种,营造水土保持林;崩壁坡度较缓处开条带种植草灌木,崩壁陡处先削坡,再挖成台阶种灌草。

水土保持林树种按照"适地适树"的原则选择地带性乡土树种。乔木采用植苗,灌草采用撒播。乔灌木需按《造林技术规程》(GB/T 15776—2016)要求达到初植密度。灌草籽撒播密度 60 kg/hm²。

造林后前 3 年应进行幼林抚育管理。

根据现场调查,流域崩岗共需要治理 168 个,主要分布在蓬壶镇、达埔镇、五里街镇和桃城镇等乡镇,详见表 7.1.6。

表 7.1.6　流域崩岗治理工程表

乡镇	崩岗数量(个)	水保林(hm²)	种草(hm²)	石谷坊(座)	拦沙坝(座)	截排水沟(km)	挡土墙(km)	削坡(hm²)
锦斗镇	12	2.93	3.30	9	1	4.40	0.39	0.58
苏坑镇	11	0.45	0.51	12	1	0.67	0.22	0.09
吾峰镇	10	0.39	0.44	12	1	0.59	0.14	0.08
石鼓镇	8	0.96	1.09	4	1	1.44	0.26	0.18
蓬壶镇	35	4.42	4.96	28	5	6.61	0.16	0.90
达埔镇	35	7.56	8.52	26	5	11.35	0.74	1.51
五里街镇	33	6.46	7.26	26	1	9.69	0.14	1.30
桃城镇	21	9.26	10.43	15	1	13.90	0.43	1.85
东平镇	2	0.01	0.01	1	0	0.02	0.08	0.00
东关镇	1	0.02	0.02	1	0	0.03	0.04	0.00
合计	168	32.46	36.54	134	16	48.70	2.60	6.49

7.1.5　水源涵养林建设

(1) 基本现状及存在问题

由于长期受人为活动影响,桃溪流域内原始植被多遭破坏,现有植被主要为马尾松、灌丛以及草地等次生植被和人工植被。根据林业部门调查,桃溪流域有林地面积约 198 km²(林分面积),占流域总面积的 41.6%,林分树种单一,以马尾松为主,水源涵养林质量差,水源涵养能力低,林下水土流失严重。

(2) 治理思路

对于水源涵养区应采取保护与治理相结合的方法,把管、造、封、抚、改等综合措施有机地结合起来,以保护为主,对现有林严加管护,注重防火、防病虫害工作,同时根据流域森林资源分布特点,逐步进行林分改造,提高森林的蓄水保土能力。

(3) 库周水源涵养林建设

在水源保护区环库周营造水源涵养林 400 hm²,保证水库供水能力的同时,还可以切断农业面源污染对水源保护区水体的影响。

水源涵养林应将乔灌草合理配置,逐步建立乔木、灌木和草本植物多层次立体结构的森林生态系统。

造林树种选择地带性乡土树种,按照因地制宜、科学发展、合理布局、重点突出的原则,造林树种应具备根量多、根域广、林冠层郁闭度高、林内枯枝落叶丰富等特点,可选用枫香、闽西青冈、深山含笑、山杜英等乔木,杜鹃、苦竹、紫金牛等灌木以及狗脊、玉叶金花、羊角藤、络石等草本植物。

水源涵养林乔木采用植苗,灌草采用撒播。乔灌木需按《造林技术规程》(GB/T 15776—2016)要求达到初植密度。灌草籽撒播密度 60 kg/hm²。造林后头 3 年应进行幼林抚育管理。

(4) 源头水源涵养林建设

① 建设范围及布局

根据桃溪流域水源涵养林分布情况,并结合林业发展规划,对桃溪干流及主要支流—重山、县城—重山、镇区—重山等上游源头范围的荒废坡耕地、荒芜茶果园及火烧迹地、宜林荒山、疏林地等区域实施水源涵养林建设。本次规划实施的源头水源涵养林建设面积493 hm²,主要分布在锦斗镇、呈祥乡、蓬壶镇、苏坑镇、吾峰镇、达埔镇、石鼓镇、五里街镇和桃城镇,分布情况及面积详见表 7.1.7。

② 造林方法

源头水源涵养林建设技术标准同"库周水源涵养林建设技术标准",造林后3 年内对幼林进行抚育管理。

表 7.1.7　流域各乡镇源头水源涵养林建设面积汇总表

序号	乡镇	面积(hm²)	主要分布区域
1	锦斗镇	95	云路村、珍卿村、锦溪村
2	呈祥乡	19	东溪村、西村村
3	苏坑镇	50	熙里村、东坑村
4	蓬壶镇	132	南幢村、都溪村、汤城村、观山村
5	吾峰镇	41	吾中村、择水村
6	达埔镇	42	延寿村、达理村
7	石鼓镇	8	凤美村
8	五里街镇	40	吾东村、仰贤村
9	桃城镇	66	德风社区、丰山村
合　计		493	

7.2　入库河流生态河道工程

为进一步降低入库河流污染物指标,在主要入库河流及其支流构建生态河道工程,同时在支流河口处设置人工湿地,提高入库河流的生物多样性,改善河流水质,同时也提供给人们一个见水、近水、亲水的美好环境。项目布置详情见图 7.2.1。

7.2.1　桃溪和湖洋溪干流生态河道工程

山美水库水源主要有桃溪和湖洋溪两大水系供给,两水系在东关镇汇集后入库,两大水系河岸基本为原始态河岸,部分河岸和近河岸山体受人为破坏,水土流失严重,导致入库前水中泥沙和污染物增加,在一定程度上影响了入库水质,同时也严重影响了水生生态环境和两岸景观。在桃溪和湖洋溪汇合处前 2 km 到山美水库的尾库段,总长约 5 km 河道,水量大、水流急,两岸受水流冲击和人为破坏,水土流失尤为严重,桃溪、湖洋溪到山美水库入库河口河道亲水护岸工程拟选在该段建设,这项工程的实施对改善入库水质、阻滞泥沙和污染物入库、改善两岸景观具有重要作用,并将对整个流域相关河道的整治起到积极的示范作用。

干流生态河道工程建设地点共有两处,第一处在桃溪和湖洋溪汇合处上溯 2 km 处起至尾库止,长约 5 km 河道,第二处为库区坝区段 4 km 河道。

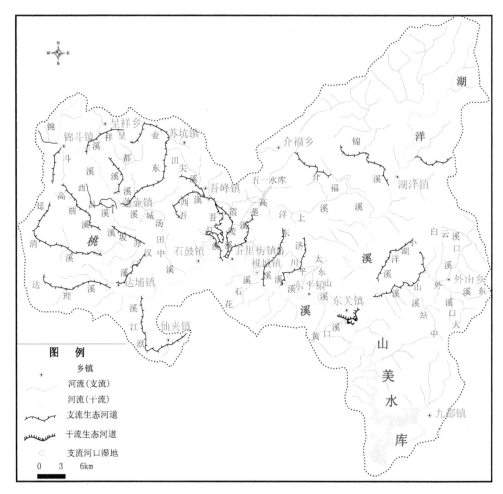

图 7.2.1　河流生态工程布置图

7.2.2　桃溪和湖洋溪支流生态河道工程

　　流域内污水处理设施及垃圾收集处理设施投入不足,建设相对滞后,没有建设分散式的农村生活污水处理设施,农村生活垃圾没有建立有效的收集和处理制度,大部分农村生活污水直接排放至桃溪和湖洋溪支流,给支流水环境造成很大压力,支流淤积严重,部分河岸被破坏,水土流失严重。为此,在桃溪和湖洋溪的主要支流构建生态河道工程,主要包括疏浚整治工程、清障工程、岸坡整治工程等,具体见表 7.2.1。

表 7.2.1 桃溪和湖洋溪支流生态河道工程表

乡镇	拟整治河道名称	疏浚整治工程				清障工程			岸坡整治工程						建设年限
		河道疏浚长度 (km)	工程量 (万m³)	村塘沟塘清淤 (座)	工程量 (万m³)	拆除阻水构筑物 (座)	工程量 (万m³)	清理侵占河道或岸坡废弃物 (t)	干砌石 (m)	工程量 (万m³)	浆砌石 (m)	工程量 (万m³)	生态护坡 (m)	工程量 (万m²)	
桃城镇	济川溪丰山洛阳段	4	4.8	2	3.5	3	0.02	1 500			1 000	0.1	3 000	2.1	2014
	德风溪	3	3.6	1	1	1	0.004	500			660	0.07	700	0.49	2014
	东岳溪	3	3.6			2	0.03	600			500	0.05	1 100	0.77	2014
东平镇	东平镇中洋溪	4	4.8	0	0	25	0.3	1 000	400	0.08	300	0.03	3 000	2.1	2014
	冷水拆桥坑	1.8	2.16								500	0.05	1 000	0.7	2014
	鸿安大坑	1.2	1.44			1							600	0.42	2014
达埔镇	达理溪	4	4.8						300	0.06	500	0.05	1 200	0.84	2013
	新洑溪	4	4.8	1	3.5				600	0.12	700	0.07	1 100	0.77	2013
	延清溪	3	3.6						400	0.08	800	0.08	1 200	0.84	2013
	狮峰溪	3	3.6						400	0.08	600	0.06	1 200	0.84	2013
仙夹镇	美寨村河道	3	3.6				0.3		500	0.1	500	0.05	1 000	0.7	2015
	东里村河道	3	3.6				0.5		500	0.1	500	0.05	1 200	0.84	2015
	汤城溪（深泉桥）	5	6					920			200	0.02	2 000	1.4	2013
蓬壶镇	西昌溪	4	4.8					600			200	0.02	2 000	1.4	2013
	都溪溪	2	2.4					580	300	0.06	250	0.03	1 000	0.7	2013
	汤城溪（同心桥）	3	3.6					670		0	200	0.02	1 300	0.91	2013
	高丽溪	4	4.8					1 100		0	200	0.02	800	0.56	2013

续表

| 乡镇 | 拟整治河道名称 | 疏浚整治工程 | | | | 清障工程 | | | 岸坡整治工程 | | | | | | 建设年限 |
		河道疏浚长度 (km)	工程量 (万 m³)	村塘沟塘清淤 (座)	工程量 (万 m³)	拆除阻水构筑物 (座)	工程量 (万 m³)	清理侵占河道或岸坡废弃物 (t)	干砌石 (m)	工程量 (万 m³)	浆砌石 (m)	工程量 (万 m³)	生态护坡 (m)	工程量 (万 m²)	(年)
吾峰镇	霞陵溪枣岭段	3	3.6			8	1	3 000	450	0.09	500	0.05	600	0.42	2013
	田尖溪	3	3.6			5	0.6	1 500	250	0.05	500	0.05	1 000	0.7	2013
	古水溪	3	3.6	1	2	5	0.5	1 500	250	0.05	500	0.05	1 000	0.7	2013
	坑仔溪	2.5	3								100	0.01	600	0.42	2014
	溪夯溪	4.5	5.4	1	0.2				300	0.06	400	0.04	1 000	0.7	2013
五里街镇	霞陵溪五里街段	4.5	7.02												2013
	仰贤溪	1.5	1.8						130	0.026	200	0.02	500	0.35	2013
	许港溪	3	3.6						250	0.05	250	0.03	600	0.42	2013
锦斗镇	大坂溪	1.5	1.8					200					300	0.21	2015
	大份溪	2	2.4					100					500	0.35	2015
呈祥乡	鸡母庄	0.6	0.72					500	100	0.02			200	0.14	2015
	大份	0.6	0.72								100		300	0.21	2015
	西村溪	3.8	4.56	1	0.4	4	0.2	100					1 000	0.7	2015

续表

乡镇	拟整治河道名称	疏浚整治工程				清障工程			岸坡整治工程						建设年限
		河道疏浚长度 (km)	工程量 (万 m³)	村塘沟塘清淤 (座)	工程量 (万 m³)	拆除阻水构筑物 (座)	工程量 (万 m³)	清理侵占河道或岸坡弃物 (t)	干砌石 (m)	工程量 (万 m³)	浆砌石 (m)	工程量 (万 m³)	生态护坡 (m)	工程量 (万 m²)	
苏坑镇	壶东溪嵩溪段	6.8	8.16								670	0.07	4 530	3.171	2015
	壶东溪嵩山段	4.5	5.4					6 500			300	0.03	1 900	1.33	2015
	壶东溪东坑段	1.5	1.8					100			200	0.02	400	0.28	2015
	壶东溪嵩安段	3.8	4.56								400	0.04	600	0.42	2015
	壶东溪熙里段	1.5	1.8								100	0.01	600	0.42	2015
东关镇	小湖洋溪	4.5	5.4	1	0.8								1 000	0.7	2014
介福乡	仙溪介福段	3.3	3.96								400	0.04	800	0.56	2015
湖洋镇	锦溪	3.5	4.2					280			400	0.04	1 100	0.77	2014
	东溪仔	3	3.6					200			600	0.06	1 000	0.7	2014
	高坪溪	2	2.4					80			600	0.06	500	0.35	2014
	双港溪	2	2.4					80			500	0.05	400	0.28	2014
	仙溪	1.5	1.8					120			400	0.04	600	0.42	2014
外山乡	外山溪福溪段	3	3.6	1	1						300	0.03	1 600	1.12	2014
	外山溪嫩溪段	3	3.6	2	2						300	0.03	1 500	1.05	2014

按照底泥含水率70%、湿密度1.50 t/m³计,结合底泥现状监测结果,计算实施疏浚整治后,底泥污染物削减量为COD 6 571 t、氨氮521 t、总氮1 160 t、总磷678 t。

7.2.3 桃溪支流河口湿地生态工程

流域内大部分农村生活污水未经处理直接排放至桃溪支流,造成支流水体污染严重,在支流汇入桃溪的河口处设置人工湿地,可以进一步削减支流污染物,减少支流对桃溪干流水质的影响。根据支流的水量和污染负荷量,确定湿地建设规模,具体见表7.2.2和图7.2.1。

湿地植物主要由乔木、灌木、湿生、挺水、浮叶和沉水植物构成。乔木主要种植柳树、水杉、枫杨等;灌木主要有杞柳、水腊等;湿生植物主要是莎草、慈姑、鸢尾等;挺水植物主要是芦苇、香蒲、水芹、菖蒲、灯心草等;浮叶植物主要是浮萍、水雍菜等;沉水植物主要是眼子菜、苦草、菹草等。

根据湿地植被净化能力,估算每亩湿地能够削减COD 0.5 t/a、氨氮0.15 t/a、总氮0.35 t/a、总磷0.04 t/a,则湿地削减污染物的总量为COD 200 t/a、氨氮60 t/a、总氮140 t/a、总磷16 t/a。

表7.2.2　桃溪支流河口湿地生态工程

河流	流域面积 (km²)	多年平均日来水量 (万 m³)	湿地建设规模 (亩)
呈祥溪	13.30	1.77	40
都溪	14.05	1.87	40
西昌溪	6.80	0.91	30
延青溪	36.22	4.82	120
达理溪	22.92	3.05	60
吾西溪	7.35	1.02	40
济川溪	9.18	1.22	40
黄乾溪	2.53	0.34	30
合计	112.35	15.00	400

表 7.2.3 浐溪及其支流生态河道工程表

乡镇	河道名称	疏浚整治工程				清障工程			岸坡整治工程						建设年限
		河道疏浚长度 (km)	工程量 (万 m³)	村塘沟塘清淤 (座)	工程量 (万 m³)	拆除阻水构筑物 (座)	工程量 (万 m³)	清理侵占河道或岸坡废弃物 (t)	干砌石 (m)	工程量 (万 m³)	浆砌石 (m)	工程量 (万 m³)	生态护坡 (m)	工程量 (万 m²)	
浔中镇	浐溪城区段	14.27	65.20	4	5.50	10	1.50	5 500	5 500	2.20	4 000	0.80	12 000	14.40	2015—2017
三班镇	大云溪三班段	4.20	8.37			4	0.04	2 000	1 500	1.35	50	0.05	2 000	1.20	2015

7.2.4 浐溪流域生态河道工程

浐溪流域内没有建设分散式的农村生活污水处理设施,农村生活垃圾没有建立有效的收集和处理制度,大部分农村生活污水直接排放至浐溪及其支流,河道淤积严重,部分河岸被破坏,水土流失严重。为此,在浐溪及其支流构建生态河道工程,主要包括疏浚整治工程、清障工程、岸坡整治工程等,具体见表7.2.3。

按照底泥含水率70%、湿密度1.50 t/m³计,结合底泥现状监测结果,计算浐溪流域实施疏浚整治后,底泥污染物削减量为 COD 1 580 t、氨氮 197 t、总氮410 t、总磷 235 t。

7.3 水环境整治和水质强化净化工程

为进一步降低来水中污染物含量,保证来水水质,在主体水库、湖泊入水口建造前置库工程。利用前置库的调蓄和人工增强净化功能,将受流域无组织排放、面源冲刷和表层土地中的污染物(营养物质)淋溶污染影响的径流截留在前置库中,经物理、生物作用强化净化后,再排入所要保护水体。为了充分利用前置库有限的空间和条件,达到最大净化效果,在经典前置库的基础上,山美水库前置库工程因地制宜,综合采用人工湿地、稳定塘、生物操纵、水生植物修复、河道生态原位修复技术等各种措施,以增强前置库污染治理能力。

山美水库入库河口前置库示范项目拟选择在山美水库库区内,新东关桥下游1.2 km 处,离山美水库大坝 21.19 km,位于南安市九都镇秋阳村。山美水库前置库工程来水流量包括本流域上游来水和龙门滩跨流域所截流的来水两部分。前置库工程径流按上游集水面积 901 km² 与山美水库集水面积 1 023 km² 的比例换算得年平均来水总量为 8.661 亿 m³。浐溪引入的年径流,经龙门滩调节后,设计平均年可引入 4.166 亿 m³,二者合计为 12.827 亿 m³(平均流量为 40.68 m³/s)。

根据山美水库电站(含龙门滩引水)1972—2004 年共 32 年的月平均流量,按水文年(5 至次年 4 月)平均流量和枯水期(11 至次年 4 月)平均流量进行统计,选择50%保证率下的 1988 年 5 月至 1989 年 4 月为平均代表年,其平均流量为 43.9 m³/

s,枯水期平均流量为 21.3 m³/s。湖洋溪和桃溪水量分配特征如表 7.3.1 所示。

表 7.3.1 入库河流来水量表

项 目	桃溪	湖洋溪	合计	备注
多年平均来水量(亿 m³)	4.576	8.251	12.827	含从外流域经湖洋溪来水量 4.166 亿 m³
50%保证率流量(m³/s)	15.66	28.24	43.90	—
枯水期平均流量(m³/s)	7.60	13.70	21.30	—

根据山美水库流域例行监测结果,目前湖洋溪总氮基本上处于劣 V 类,氨氮也基本超过 II 类要求,其他各项水质指标基本能达到水质功能区应执行的《地表水环境质量标准》(GB 3838—2002)II 类水质标准要求。但桃溪沿线因大量工业及畜禽养殖业等大量生产污水的排放,以及永春县城生活污水的排放,桃溪水质很差,基本维持在 IV—V 类水质标准,有时会出现劣 V 类的情况,主要超标指标是氨氮、五日生化需氧量、亚硝酸氮等。

参照永春县水利水电勘测设计室《泉州市东美水电站实施方案》及《可行性报告》(2003 年 8 月)中二十年一遇的洪水调洪回水高包线在东关大桥上游的洪水位 98.66 m,校核洪水位 99.00 m,采用百年一遇的山美水库坝前水位 98.78 m 加回水壅高 0.22 m。按不增加新淹没不提高淹没范围为原则,确定山美水库前置库工程正常蓄水位为 96.480 m,即山美水库汛末库前蓄水位(9 月 20 日以后)高程96.480 m。

前置库工程共包括 4 项工程,各项工程主要内容如表 7.3.2 所示。

表 7.3.2 前置库工程内容表

工程项目	工程内容
库区垃圾清理工程	清理沿岸垃圾和区域内建筑垃圾,共需清理垃圾量约 1 800 m³,并对茅厕、粪坑进行必要的卫生清理
库区底泥疏挖与处置工程	确定清理工程范围为库区 92~96.48 m 高程线以内,厚度确定为 20~50 cm 的表层土,工程共需清理淤泥约 124 478.3 m³
库区垃圾拦截系统	在入库口设置垃圾拦截系统,以拦截上游来的生活垃圾等杂物。主要包括垃圾拦截、运输和安全处置等
生态重建工程	在高程 96.54 m 以下形成从湿生植物到沉水植物的演替系列带,可分为灌草湿生带,挺水植物带和浮水、沉水植物带

（1）库区垃圾清理工程

前置库总面积 224 592.14 m²（96.48～97 m 高程），根据垃圾分布以及污染状况，重点清理沿岸垃圾和区域内建筑垃圾，需清理垃圾量共计约 1 800 m³，并对茅厕、粪坑进行必要的卫生清理。

（2）库区底泥疏挖与处置工程

根据现场调查，在库区四周 92～96.48 m 高程淹没线下，有大量农田未经清理就直接淹没，底质有机物总量高，为了减少底质污染源的释放量，必须对这部分进行清理。

（3）生态重建与景观建设工程

湿地分为四大功能区，主要包括生态文化展示区、园林景观区、人工湿地强化净化区、湿地生态核心区。

① 生态文化展示区

拆除滩地 97.61 m 以上高程线至马路间的砖窑，建立绿化隔离带。绿化带的植物选择具有隔离性、观赏性和经济性的植物，如冬青科、蔷薇科、茶科植物。利用原有的旧民居改造成湿地生态文化展示区。展示区分为湿地生态链展示区、湿地功能展示区、水环境保护科普区等，开展环境科普教育。

② 园林景观区

滩地高程 97.61 m 以上，生态文化展示区东南面可以结合园林设计的手法，设置亭台楼阁、小桥流水、花园草坪等景点，创造一个空间变化丰富、自然环境优美的景观区域，是适宜于开展观赏、生态旅游、湿地教育的环境场所。

③ 人工湿地强化净化区

利用原有的沟渠，改造成污水收集的暗渠，把滩地周围的生活污水收集到调节池。在高程 96.54～97.61 m 的范围内建造面积为 20 m² 的调节池和面积为 100 m² 的潜流式人工湿地。人工湿地设计填料深 3.5 m，表面覆 1.2 m 厚的细砂，向下 0.8 m 厚铺设粗砂，再向下 0.7 m 铺设煤渣，最底下铺设 0.8 m 厚的石灰石。进水管在石灰石层，出水管介于粗砂和煤渣层中间。

人工湿地植物选择生物量大、根系发达、能再生易繁殖、生长速度快且净化能力强的植物，如芦苇、美人蕉、香蒲、茭白、再力花、鸢尾等。

④ 湿地生态核心区

高程 96.54 m 以下形成从湿生植物到沉水植物的演替系列带,可分为灌草湿生带,挺水植物带和浮水、沉水植物带。

项目实施后预计每年可削减 COD、氨氮、总氮和总磷分别 400 t、100 t、220 t 和 20 t。

7.4　库区生态建设工程

为进一步保障来水水质,保证水库水质得到进一步改善,必须开展库区生态系统建设,重点内容包括:库周居民区水岸生态隔离带工程、库周滩地湿地保护与生态恢复工程和库区生态系统调控与修复工程等。

7.4.1　库周生态隔离带工程

九都镇沿库周而建,长期以来由于居民生产和生活,导致水库岸边生态系统退化,库区水质受影响。为降低库区周边居民生产、生活对水库生态系统的影响,在水库库周九都镇段建设库周生态隔离带,以减少居民活动对水库生态系统和水质的影响。

库周生态隔离带主要采用自然原型生态隔离带,在水库淹没线以上采用乔灌草相结合的方式布置,乔木选用柳树、水杉、水杨、河柳、桃树、樟树、枫树等,栽植密度为 800～1 500 株/hm²,灌草采用撒播的方式,撒播密度为 60～80 kg/hm²,同时种植沙棘林、刺槐林、龙须草、常青藤、香根草等。水位变幅区种植耐湿灌木或草本植物,灌木物种选择杞柳、筐柳、沼柳、紫穗槐等,草本植物为灯芯草、慈姑、鸢尾、苔草、莎草、水葱或其他本地开花草本植物。

库周生态隔离带长 5 km,宽度约 50～100 m,同时对现有库滨缓冲区进行改造和完善,使库滨缓冲带增加面积达到 1 000 亩,预计污染物削减量分别为 COD 90 t/a、氨氮 30 t/a、总氮 48 t/a、总磷 6 t/a。

7.4.2　库周滩地湿地保护与生态恢复工程

根据库周滩地的生态现状,在新东溪和金圭村建设库周滩地湿地保护与生态恢复工程。

（1）新东溪人工湿地保护与生态恢复工程

从九都镇区媒人池至新东坑自然村沿山美水库新东湾建设 300 亩人工湿地，在陆向辐射区、水位变幅区及水向辐射区构建陆生乔木、灌草带，挺水及浮水植物带，恢复滨岸自然湿地生态风貌。

陆向乔灌草植被带：在水库淹没线以上的地方建设，营造方式为对现有植被进行补植和块状或带状改造。选择耐水湿的速生阔叶树种进行带状改造，各树种呈不规则的块状混交。配置品种包括柳树、水杉、池杉、河柳等。

水位变幅区湿生灌草带：在湿水区域带内恢复耐湿灌木或草本植物种植，由灌木和草被结合组成灌草防护带或直接配置草被带，或带状分布，或交错块状分布。灌木物种选择杞柳、筐柳、沼柳、紫穗槐等；草本植物为灯芯草、慈姑、鸢尾、苔草、莎草、水葱或其他本地开花草本植物。

水向辐射区挺水植物带：挺水植物选用芦苇、茭草、香蒲、野慈姑等。配置方式为芦苇、茭草、香蒲分片种植。

水向辐射区浮叶植物带：浮叶植物可选菱角、浮萍等。

水向辐射区沉水植物带：沉水植物可选眼子菜、苦草、金鱼藻、菹草等。

根据湿地植被净化能力，估算每亩湿地能够削减 COD 0.5 t/a、氨氮 0.15 t/a、总氮 0.35 t/a、总磷 0.04 t/a，则湿地削减污染物的总量为 COD 150 t/a、氨氮 45 t/a、总氮 105 t/a、总磷 12 t/a。

（2）新峰溪人工湿地保护与生态恢复工程

在九都镇新峰村沿山美水库湾建设 800 亩人工湿地，在陆向辐射区、水位变幅区及水向辐射区构建陆生乔木、灌草带，挺水及浮水植物带，恢复滨岸自然湿地生态风貌。湿地构建方案与新东溪人工湿地相同。

根据湿地植被净化能力，估算每亩湿地能够削减 COD 0.5 t/a、氨氮 0.15 t/a、总氮 0.35 t/a、总磷 0.04 t/a，则湿地削减污染物的量为 COD 400 t/a、氨氮 120 t/a、总氮 280 t/a、总磷 32 t/a。

（3）金圭村人工湿地生活污水处理工程

金圭村沿山美水库库周而建，生活污水常年未经处理直接排入水库，对水库水质造成一定的影响，另外由于人类活动，该区域库滨生态系统也遭到破坏。为减少生活污水直接排放对水库水质的影响，在金圭村圣湖建设日处理生活污水 150 t 的人工湿地，出水水质执行《城镇污水处理厂污染物排放标准》中一级 B 标准。

处理工艺采用组合式人工湿地＋氧化塘处理技术，组合式人工湿地生态处理系统由预处理（格栅沉淀）、厌氧净化装置和人工湿地等组成。主要建设内容包括 4.5 km 污水收集管网、格栅沉砂池、厌氧调节池、人工湿地、氧化塘、1 km 水库湖滨带、500 m 生态护坡等。

工程建成运行后，区域污染物削减量为 COD 13.14 t/a、氨氮 0.99 t/a、总氮 1.65 t/a、总磷 0.22 t/a。

7.4.3　库区生态浮床净化工程

随着区域人口和社会经济的发展，水库水体虽仍处于轻度富营养化水平，但水库总氮基本上都处于劣 V 类水平，超标现象严重，需采取必要的修复手段进行干预，降低水体富营养化程度，改善水质。在山美水库码四湾建设生态浮床示范区 300 亩，铺设生态浮床 30 000 m²，并在生态浮床区域内设置 12 套人工微曝气系统，提高修复效率。

生态浮床材料选用无污染、无放射性、无公害的载体材料。水上花园的生态浮床由优质塑料一次注塑而成，水上菜园的生态浮床采用淋膜编织布和浮体加工制作而成。浮床上设置栽培孔和栽培盆，使修复植物根系生长在水下，茎叶在水面上生长。

浮床固定采用绳索固定和重力式伞形固定装置相结合的方式，为保护浮床系统的稳定运行，防范水面风浪对浮床整体系统的干扰和破坏，采用"化浪围隔＋消浪排"的设计。在工程区的外部通过设置消浪围隔，围隔上层缝合泡沫浮体，并用镀锌管作为上下部支撑，下层缝合石笼袋，以期对风浪起到有效的消减作用；围隔外部设置 W 形的消浪竹排，相比一字形竹排，W 形防浪竹排能更好地抵御风浪的冲击。消浪围隔每隔 15 m 用铁锚固定。此外，在生态浮床下设置渔网，网孔孔径 3 cm，防止大型鱼类啃食植物根系，影响修复效果。

水上花园总面积为 6 000 m²，布置 3 000 块浮床，每块浮床的尺寸为 2 m×1 m，植物品种为美人蕉、芦苇、千屈菜、旱伞草、鸢尾、菖蒲等，种植密度为 25 株/m²，株距 20 cm×20 cm。水上菜园总面积为 24 000 m²，布置 4 800 块浮床，每块浮床的尺寸为 5 m×1 m，植物品种为空心菜、水芹、豆瓣菜等，种植密度为 30 株/m²，株距 15 cm×15 cm。

根据植物净化能力,估算浮床系统对总氮、总磷、氨氮和 COD 的去除负荷分别为 $5\,g/(m^2 \cdot d)$、$0.5\,g/(m^2 \cdot d)$、$3.5\,g/(m^2 \cdot d)$、$20\,g/(m^2 \cdot d)$,则库区生态浮床净化工程削减污染物的总量为 COD 180 t/a、氨氮 31.5 t/a、总氮 45 t/a、总磷 4.5 t/a。

7.4.4　库区生态系统调控与修复工程

根据库区生态系统结构特点,以生态系统稳定的理论为基础,制定完整的水生生态修复计划,实施山美水库生态系统生态调控与修复工程,促进库区水质在短时间内好转。

水生生物可吸收水体中的氮、磷元素进行自身的正常生长,通过自然过程达到除去水体中的氮、磷营养物质的目的。在浅水区沿库周种植长 10 km,宽 1～2 m 的植物带,主要种植菖蒲、芦苇、鸢尾等水生植物,并按计划收割,以去除库区水体中过多的营养物质。

适当放养以食用藻类等浮游生物和腐殖质为主的鲷、鲢、鳙、青鱼、鲤鱼、鲫鱼等鱼类,每年投放 400 万尾。通过放养这些鱼苗,可将库区水体中的氮、磷等物质转移到鱼类体内,鱼类经捕捞收获,最终减少了水库中氮、磷等营养物质的总量。在水深较浅的水域中,引入繁殖力强、生长快的螺、蚬等底栖动物,以改善库区水质。项目实施后,估算污染物削减量分别为 COD 20 t/a、氨氮 6 t/a、总氮 14 t/a、总磷 1.6 t/a。

7.5　流域内源污染风险控制工程

根据加拿大安大略省环境和能源部(1992)按生态毒性效应制定的《沉积物质量评价指南》,沉积物中具有最低级别生态效应的总氮含量为 550 mg/kg。2011 年 5 月和 6 月山美水库流域底泥总氮含量监测结果表明:流域底泥中氮污染物具有不同程度生态风险效应(呈祥除外);冷水坑水库、永春第二水厂取水口、水库出库口和水库主要围养殖区 2 底泥总氮标准指数在 3 以上,具有严重的生态风险效应,这些区域都是氮释放的高风险区,是清淤的重点区域。具体清淤工程量和分布情况见表 7.5.1 和图 7.5.1。

按照底泥含水率 70％、湿密度 1.50 t/m³ 计，根据底泥现状监测结果，计算实施清淤后，底泥污染物削减量为 COD 11 430 t、氨氮 900 t、总氮 1 655 t、总磷 1 220 t。

表 7.5.1 流域内清淤工程表

水体	清淤地点	工程量
山美水库	围养殖区 2、水库入库口、水库中部和主要围养殖区 1	清淤量约 180 万 m³
桃溪	东平段	河道疏浚长度 1 km，清淤量 20 万 m³
	桃城段	河道疏浚长度 1 km，清淤量 20 万 m³
	达埔段	河道疏浚长度 2 km，清淤量 3 万 m³
	蓬壶段	河道疏浚长度 2 km，清淤量 3 万 m³
	石鼓段	河道疏浚长度 1.5 km，清淤量 1.8 万 m³

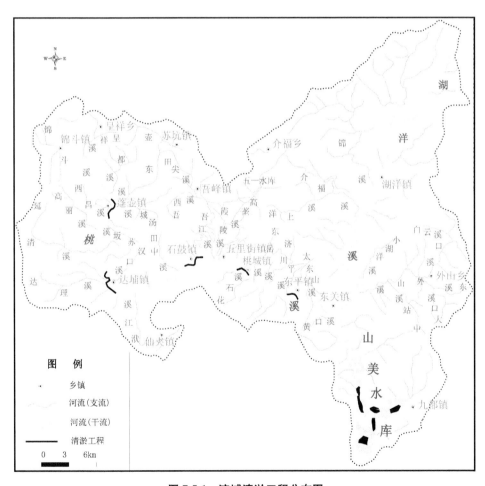

图 7.5.1 流域清淤工程分布图

8 流域生态环境监管工程方案

为保障项目实施效果,进一步完善山美水库水环境管理能力,必须加强环境管理能力建设,重点内容包括:水源地监控信息系统建设、水源地环境管理信息系统建立、监督管理自身能力建设等。

8.1 流域生态安全调查与评估

水库的环境状况是区域生态环境的标志,水库的生态安全未来发展态势与水库生态安全演变历程、流域人类活动影响息息相关,全面了解社会经济发展、资源开发利用与生态安全的相应关系,预测和判断未来不同发展情景下水库生态安全演变态势,是水库生态安全保障相关专项方案制定的基础。水库生态安全调查评估是水库环境保护的一项基础工作,为环境保护和社会经济发展提供了重要依据。

随着水库流域的经济发展,保护水库生态环境成为政府工作的重中之重。由于流域内经济发展水平较低,资金投入不足,目前对于水库的基础研究仍处于起步阶段,对于水库生态安全等的调查严重缺乏,开展水库生态安全调查,对保护水库生态环境和流域经济建设意义重大。

拟通过收集资料和系统调查,全面掌握流域生态安全的影响因素和变化趋势,明确水库目前面临的主要生态环境问题,识别水库生态安全的影响因子和影响程度,为科学决策流域污染综合防治、保护饮用水水质、解决发展与环境保护的关系提供科学依据。

8.2 水源地监控体系工程

为加强山美水库水生态监控体系建设,分别在水库水文观测井附近和库区农场建设环境监控实验中心及流域生态保护监测站,同时配备复合净水系统,最大限度减少污水排放。在入库口和库区各设置 1 个水质在线监测站,所配备的仪器设备应能满足《地表水环境质量标准》(GB 3838—2002)规定的重要指标的监测任务。

(1) 环境监控实验中心

环境监控实验中心将作为整个库区水生态保护的监管中心,完成在线实时监测信息采集、数据处理分析、常规和应急监测、监察管理、信息服务等功能。实验中心包括监测实验室、在线监控中心、数据处理室、休息室、图书资料室等。其中监测实验室包括野外取样工具室、样品存放室、实验准备室、水环境化学监测室、水环境生物监测室、天平室、灭菌室、精密仪器室、大型仪器室、高温高压室等。建设面积约 2 600 m^2,配套处理规模为 50 t/d 的复合污水处理系统。

环境监控实验中心仪器设备包括多参数水质分析仪、营养盐自动分析仪、ICP、色谱-质谱仪、流式细胞仪、紫外可见分光光度计、电子天平、超净工作台、人工气候箱、冷冻离心机、超低温冰柜及常规仪器、实验台面和配套设施等。

(2) 流域生态保护监测站

流域生态保护监测站负责监控、管理流域生态环境变化,开展必要的调查分析,供监测实验中心统一决策参考。流域生态保护监测站包括水生生物监测室、水生生态监测室、生态常规分析室、生物处理室、微机室、信息处理室等建设面积 1 200 m^2,处理规模为 40 t/d 的复合污水处理系统。

流域生态保护监测站配置光合作用仪、叶绿素荧光仪、WE 土壤三参数测定仪、便携养分/水质测定仪、水势测量系统、植物冠层分析系统、紫外可见分光光度仪等仪器设备及实验台面和配套设施等。

(3) 水质在线监测站

在入库口和库区分别设置 1 个水质在线监测站,配置在线监测设备,并传输到监测中心,作为水质情况的重要参考。

在线监测站实行连续监测,一般按每隔 30 min 监测 1 次,其主要监测项目为高锰酸盐指数、BOD$_5$、氨氮、总氮、水位、总磷。主要配置的仪器设备有:水样自动采集系统、水质多参数测定仪、化学需氧量或高锰酸盐指数测定仪、TOC 自动测定仪、氨氮自动测定仪、总磷自动测定仪、总氮自动测定仪、在线水位计、数据控制传输系统等。

信息采集传输和处理系统设备主要有：服务器、环保信息工作站、激光打印机、10/100 M 交换机、终端服务器、GPRS 无线通讯装置、子站 RTU、系统软件、应用软件等。

（4）水环境监测船

为加强水域巡查，购置 1 艘水环境监测船，船上设有监测实验室、数据处理室、设备间、监控室等，配备 GPS 定位系统、便携式多参数水质分析仪器、水样品、底泥样品采集设备、冰箱、供水系统及其他配套系统。

8.3　水源地环境管理信息系统

（1）数字流域环境信息系统

主要是综合运用水质监测网站、环境生态监测站、水文站、GIS、RS、GPS 及多媒体技术将全流域的社会经济、地理、土壤属性、植被覆盖、水文、水质和气象等各方面信息进行数字化采集和存储，并实现流域基础信息的统计、整编、查询等功能的一个可视化的流域基础信息平台。数字流域环境信息系统主要由数据采集子系统、流域基础数据库子系统和数据管理子系统构成。

① 数据采集子系统：数据采集子系统具有相关水文与水质监测数据的自动化采集和数据可靠性在线分析功能。重点对流域水文、水质及土地利用等指标进行实时动态监测并对自动化采集、监测数据预处理，同时对监测数据的可靠性进行实时在线分析处理。该子系统还应提供与各类监测仪器衔接的数据采集接口，通过接口模块动态收集监测数据资料，确保存入数据库中的监测资料的有效性、完整性和可靠性。

② 流域基础数据库子系统：流域基础数据库是整个系统运转的基础，准确高效地收集和及时处理大量复杂的监测数据资料是整个系统设计和开发的重点。山美水库流域基础数据库主要包括：气象数据、土地利用方式数据、土壤性质数据、植被数据、水质数据、经济发展数据等。

③ 数据管理子系统：数据管理子系统用于管理和调度整个数据库，提高可视

化的数据资料的输入、存储、整编、查询与传输等人机交互功能,实现对各种监控数据资料进行综合管理和处理的功能。

（2）流域水环境预测预警系统

① 点源污染负荷预测模型

根据流域国民生产总值与企业废水排放量、人口数与生活污水排放量的关系,以及流域发展规划和社会经济发展趋势,建立基于模糊数学的点源污染负荷预测模型。

② 非点源污染负荷预测模型

建立基于山美水库流域地形、地面植物覆盖、土地利用状况、土壤质地、地下水位的降雨-径流数学模型,根据流域内氮、磷等主要营养盐在降雨径流和土壤流失中的迁移转化规律,建立模拟非点源污染物产生和随降雨径流、土壤流失进入水环境过程和规律的数学模型。

③ 水库富营养化预警系统

建立水库水质模型,模拟分析污染物在水体中的时空变化规律。建立水库藻类生长的动态模型,并与水动力模型和水质模型相耦合,同时考虑风场、水动力特征、光照、水温以及底泥释放率等因子对藻类生长的影响,对水库藻类生长过程进行模拟分析,并建立水库富营养化预警系统。

8.4 应急能力建设工程

应急系统建设包括应急队伍建设、应急预案管理系统建设、应急指挥系统建设。

（1）应急队伍建设

应急队伍建设以泉州市当地应急队伍为基础,在应急队伍系统建设过程中,一方面要规定相关人员的职责,二是要对工作人员进行应急监测技能的培训,并接受来自国家、省等上级管理部门的考核,促使监测技术人员技术能力逐步提高,练就一支作风硬朗的应急队伍。

（2）应急预案管理系统建设

应急预案管理系统由污染源信息管理库、污染物信息管理库、污染物扩散模式库、应急方案管理库、外部资源管理库、系统软件集成和网络计算机系统硬件几个部分组成。

建设应急预案管理系统的目的是为了完善流域内现有污染源信息、污染物信息，在河流扩散模型的基础上建立重点风险源计算模型，完善应急方案，为管理部门的正确决策提供技术支持。

应急预案管理系统应是一个建立在地理信息系统（GIS）基础上的数据库系统，其主要功能是管理污染源和污染因子、污染物的毒性资料、污染物扩散模式和监测方案等，同时建立外部支持资源库。

① 污染源信息库

管理流域内人口、社会、经济、地质地貌、地形、水文气象、资源、环境等基础信息；管理潜在的事故污染源信息，包括污染源的名称、位置、污染因子等。

该污染源信息库将从现有的污染源管理系统以及排污申报、环境统计、危险废弃物管理等信息系统采集信息，实现信息共享；存在潜在风险的新建项目信息也将纳入管理。

② 污染物信息库

管理各种污染物的理化性质、毒性、基本处理方法等信息。

③ 应急方案管理库

如果流域内发生突发性污染事故，而且事故原因不明，监测方案管理库将根据污染源信息库和污染物信息库提供的信息，初步判断可能的事故发生源和污染物种类，及时提出相应的应急方案。在事故原因明确的情况下，将直接提供应急方案。

④ 污染物扩散模式库

建立流域内河流污染物扩散模型，根据污染物应急监测数据和气象、水文条件模拟出污染物在水环境中的扩散范围、浓度，以及可能的危害程度。

⑤ 外部资源支持管理库

建立外部资源支持管理库是通过建立社会各界专家库、设备库和处置能力库，为应急监测监控系统的有效运行提供更广泛的支持。

（3）应急指挥系统建设

建设应急指挥系统的目的是通过指挥部组织，以先进的通讯、信息为技术支撑,保证整个应急监测系统的有效运行。

该系统指挥中心启动应急预案管理系统,实施现场应急监测、实验室应急分析处置,以便为管理层的决策提供技术支持。

应急指挥系统的装备包括应急现场指挥车、数码摄像系统、无线网络数据通信设备以及显示设备等,如水环境应急监测车、采样工具车、样品运输车,并配备GPS、洗涤池、独立供水排水系统、车载冰箱、电源、抽气系统、数据传输系统等;采样工具车可装载采样工具、水、底泥样品等。

8.5　监督管理能力建设工程

(1)加强对重要污染源和各类污染隐患的监督力度

加强对流域内重要污染源和各类污染隐患的日常监督检查,特别是节日期间要进一步加大巡视检查频率;定期开展饮用水源保护专项检查工作,重点对水源水质状况、主要污染来源、水源保护区开发现状以及区内建设项目环境管理等进行检查;同时针对枯水期水文水质特点,加大对饮用水源保护区的巡视检查频率,强化对重要污染源和各类污染隐患的监督力度;对水源地污染事故隐患进行排查和整改。

(2)加强流域环境管理制度建设,依法保护流域生态环境

进一步完善《泉州市人民政府关于加强山美水库流域管理和保护的规定》,同时严格贯彻执行国家颁布的有关环境保护法律、法规,加强山美水库流域生态环境保护工作。

(3)加强环保执法队伍建设

强化环保监管力度,提高环境监督执法水平,重点提高现场执法能力和应对突发性污染事件的能力。

(4)加强环境宣教,提高民众环境保护意识

完善环境宣教中心,提高其装备水平,使其具备利用各种媒体特别是电视、报纸、互联网等发布环保信息的能力。加大生态环境保护和生态建设政策、法规、知识宣传力度,提高人民群众的生态环境保护意识,充分发挥人民群众保护环境的

原动力作用,拓宽公众参与渠道,方便群众行使监督权,使广大人民群众自觉投身生态环境保护和建设中去,采取各种措施,从人民生产、生活的各个环节上,控制污染物产生和排放量,实现污染物排放的社会化全过程控制。

8.6　饮用水水源地建设工程

根据山美水库饮用水水源保护区划分结果,对划定的饮用水源保护区范围的地理界线,用界碑、界桩和告示牌标定保护区范围,通过勘测定位使社区干部群众进一步明确了解保护区实际管辖范围,有利于保护区建设和管理。

为了避免人畜及动物进入水源地一级保护区,对水源保护区水质造成影响,在水源地一级保护区采用隔离网(栏)或生物绿篱的方式对保护区实施封闭管理。

按照《饮用水水源保护区标志技术要求》(HJ/T 433—2008)的相关规定,建设水源地界碑、界桩、宣传警示牌等基础设施,加大宣传力度,加强人们保护水源地的意识,以防止人类不合理活动对水源保护区水质造成影响。此外,由政府和交通部门在进入水源地区域路口设置警示标志,禁止运载石油、有毒化工原料、垃圾等车辆通行,以保障水源地安全。

在水源地一级保护区及重要路段设置视频监控点,建成水源地环境监控视频系统,加强对水源地的安全监控。对饮用水源保护区内布设的视频监控设备及水质自动监控系统进行统一管理,并利用数据管理系统对水源水质进行连续的数据分析。通过对水源地的视频监控和水源水质数据的自动采集,并建立自动报警系统,有效增强应对突发事件的能力,提高应对突发事件的反应速度,缩短决策时间。

制定水源地日常管理档案和巡查制度,加强对水源地的日常管理。

9 重点工程

9.1 项目安排

山美水库生态环境保护项目分两个阶段实施:2013—2015 年工作重点是清理和整治现有和潜在污染,2016—2017 年工作重点是以自然生态恢复为主,建立完善长效机制。实施区域以山美水库上游桃溪两岸、库区、库周为重点。

实施的项目主要包括流域污染源治理、生态系统保护与恢复、产业结构调整、饮用水源地保护、环境监管能力建设五大类 71 项,其中污染源治理项目 21 项、生态系统保护与恢复项目 39 项、饮用水源地保护及环境监管能力建设项目 8 项、产业结构调整项目 2 项、生态安全调查与评估项目 1 项。工程类项目 60 个,非工程类项目 11 个,分别占项目总数的 84.51% 和 15.49%。

9.2 项目清单

山美水库生态环境保护项目清单见表 9.2.1。

表 9.2.1　山美水库生态环境保护项目清单

序号	项目名称	建设地点	建设周期	项目建设规模与内容	项目投资（万元）	项目绩效						
						COD削减量（t/a）	氨氮削减量（t/a）	总磷削减量（t/a）	总氮削减量（t/a）	湖滨、河滨缓冲带面积（亩）	湿地恢复面积（亩）	生态涵养林增加面积（亩）
	合计				134 483	8 670.19	1 535.16	418.10	2 744.44	1 000	1 500	21 352
	流域污染源治理项目小计				75 846	6 780.78	1 074.22	225.55	1 747.37			
1	永春县污水处理厂提标改造工程	桃城镇	2013年3月—2014年4月	增设高效沉淀池、转盘滤池、除磷加药等深度处理	1 600	65.70	19.71	3.29	32.85			
2	永春县城区污水管网工程	桃城镇	2013年3月—2016年6月	永春县城东片区、城西片区、东平片区等区域污水管网20 km,提升泵站等	3 500	878.49	19.65	11.13	109.63			
3	蓬壶镇污水处理厂扩建及配套污水管网工程	蓬壶镇	2014年3月—2015年9月	污水厂处理能力1.0万t/d,尾水达到一级A标准。污水收集管网9.796 km	4 579	163.70	10.38	3.19	21.14			
4	达埔镇污水处理及配套管网工程	达埔镇	2014年1月—2015年9月	污水处理能力0.5万t/d,尾水达到一级A标准。污水收集管网5 km	2 000	132.47	8.57	2.57	17.32			
5	九都镇北翼污水处理厂及配套管网工程	九都镇	2013年3月—2014年12月	建设12 km污水管网,提升泵站1座	1 330	37.02	2.28	0.68	4.55			

续表

序号	项目名称	建设地点	建设周期	项目建设规模与内容	项目投资（万元）	项目绩效						
						COD削减量（t/a）	氨氮削减量（t/a）	总磷削减量（t/a）	总氮削减量（t/a）	湖滨、河滨缓冲带面积（亩）	湿地恢复面积（亩）	生态涵养林增加面积（亩）
6	锦斗镇生活污水处理工程	锦斗镇	2014年1月—2015年4月	建设1 500 t/d污水处理厂，尾水达到一级A标准	1 040	142.48	9.15	2.75	18.69			
7	苏坑镇生活污水处理工程	苏坑镇	2015年1月—2015年12月	建设1 000 t/d污水处理厂，尾水达到一级A标准	700	104.52	6.56	1.92	13.19			
8	仙夹镇生活污水处理工程	仙夹镇	2014年6月—2015年6月	建设700 t/d污水处理厂，尾水达到一级A标准	650	83.69	5.35	1.64	10.31			
9	吾峰镇生活污水处理工程	吾峰镇	2015年1月—2015年12月	建设700 t/d污水处理厂，尾水达到一级A标准	650	72.56	4.68	1.39	9.27			
10	湖洋镇生活污水处理工程	湖洋镇	2014年3月—2015年3月	建设1 500 t/d污水处理厂，尾水达到一级A标准	1 200	107.74	6.81	2.42	13.59			
11	东关镇生活污水处理工程	东关镇	2014年3月—2015年3月	建设700 t/d污水处理厂，尾水达到一级A标准	630	83.41	5.32	1.59	10.27			
12	德化县污水处理厂提标改造工程	浔中镇	2013年3月—2014年3月	尾水处理提标改造和污泥深度脱水处理改造	2 460	67.53	6.26	3.37	33.76			

续表

序号	项目名称	建设地点	建设周期	项目建设规模与内容	项目投资（万元）	项目绩效						
						COD削减量（t/a）	氨氮削减量（t/a）	总磷削减量（t/a）	总氮削减量（t/a）	湖滨、河溪缓冲带面积（亩）	湿地恢复面积（亩）	生态涵养林增加面积（亩）
13	德化县污水处理厂配套管网工程	浔中镇三班镇	2014年1月—2016年3月	建成污水管网52.52km，城东、三班镇等废水实现接管	6 623	302.28	10.80	2.99	41.48			
14	福建海汇化工有限公司搬迁	石鼓镇	2014年1月—2015年12月	海汇化工搬迁后厂区污染修复	2 500	176.6	124.10	0.44	148.9			
15	福建省永春东园纸业有限公司关停	达埔镇	2014年1月—2015年12月	东园纸业关停后厂区污染修复	2 000	62.80	2.03	1.03	2.54			
16	东平镇定点屠宰场搬迁	东平镇	2014年3月—2014年12月	东平屠宰场搬迁后厂区污染修复	400	2.74	0.19	0.11	0.21			
17	工业企业废水处理工程	永春县	2013年3月—2014年12月	泉州市永春联盛纸品有限公司、福建省永春宏益纸业有限公司、永春县蓬壶镇生猪定点屠宰场、福建永春顺德堂食品有限公司等企业废水处理	500	48.07	4.02	1.93	0.72			
18	农村生活污水处理工程	流域内	2013年1月—2016年6月	建设86座农村生活污水集中处理设施，处理规模达到9 345 t/d	10 565	836.22	237.02	25.48	246.43			

续表

序号	项目名称	建设地点	建设周期	项目建设规模与内容	项目投资（万元）	项目绩效							
						COD削减量（t/a）	氨氮削减量（t/a）	总磷削减量（t/a）	总氮削减量（t/a）	湖滨、河滨缓冲带面积（亩）	湿地恢复面积（亩）	生态涵养林增加面积（亩）
19	生活垃圾收集、转运系统工程	流域内	2013年1月—2016年6月	流域内配置垃圾收集、转运设施，使城镇生活垃圾和农村生活垃圾收集处理率分别达到100%和80%	10 960	1 457.63	214.68	18.72	426.54			
20	德化县高内坑生活垃圾卫生填埋场一期工程	德化县城	2013年1月—2014年12月	在德化县高内坑建设生活垃圾填埋场，一期库容为127.6万 m³	14 099	272.43	40.12	69.35	13.87			
21	农业面源污染控制工程	流域内	2014年1月—2016年6月	对农业种植结构和耕作技术的优化调整；对水库周边、桃溪两岸的农田实施生态沟渠等一系列工程措施，使农业面源污染处理率达到60%	7 860	1 682.70	336.54	69.56	572.11			
	生态系统保护与修复项目小计				52 407	1 889.41	460.94	192.55	997.07	1 000	1 500	21 352
1	坡改梯工程	流域内	2014年1月—2016年9月	坡改梯工程 456 hm²，其中坡改梯 433.16 hm²，截排水沟 64 140 m，蓄水池 223 座，田间道路 21 810 m	750	15.34	1.43	0.85	2.39			

续表

序号	项目名称	建设地点	建设周期	项目建设规模与内容	项目投资（万元）	项目绩效						
						COD削减量（t/a）	氨氮削减量（t/a）	总磷削减量（t/a）	总氮削减量（t/a）	湖滨、河滨缓冲带面积（亩）	湿地恢复面积（亩）	生态涵养林增加面积（亩）
2	坡地经果林治理工程	流域内	2014年1月—2016年9月	经果林治理面积1 577 hm²，其中土坎梯田312.6 hm²，田间道路78 232 m，截排水沟233 552 m，沉沙池476座，蓄水池313座，撒播草籽1 576.02 hm²	3 500	64.82	5.66	4.12	9.43			7 470
3	封禁治理工程	流域内	2015年1月—2016年12月	实施封禁治理498 hm²	300							
4	崩岗治理工程	永春县	2014年1月—2015年6月	治理崩岗168座，水保林32.46 hm²，种草36.54 hm²，石谷坊134座，拦沙坝16座，截排水沟48.7 km，挡土墙2.6 km，削坡6.49 hm²	3 700	4.11	0.36	0.26	0.60			487
5	库周水源涵养林建设工程	九都镇	2015年1月—2016年12月	在水源保护区环库营造水源涵养林400 hm²	2 500							6 000
6	源头水源涵养林建设工程	永春县	2015年1月—2016年12月	在锦斗、呈祥、蓬壶、苏坑、吾峰、达埔、石鼓、五里街和桃城等乡镇建设水源涵养林493 hm²	3 000							7 395

续表

序号	项目名称	建设地点	建设周期	项目建设规模与内容	项目投资（万元）	项目绩效						
						COD削减量（t/a）	氨氮削减量（t/a）	总磷削减量（t/a）	总氮削减量（t/a）	湖滨、河滨缓冲带面积（亩）	湿地恢复面积（亩）	生态涵养林增加面积（亩）
7	入库河流生态河道（东关至东美段）工程	东关镇	2013年3月—2014年12月	建设5 km长生态河道，包括生态护坡、清淤等	1 900	766*	90*	142*	153*			
8	坝区生态护岸及污水处理工程	库区	2013年3月—2015年12月	坝区4 km生态河道，管理区生活污水处理工程135 m³/d	1 600	352	60	95	131			
9	桃溪支流河口湿地生态工程	永春县	2015年3月—2016年12月	在呈祥溪、帮溪、西昌溪等支流汇入桃溪的河口处构建400亩人工湿地	900	200	60	16	140		400	
10	达埔镇达理溪（生态河道）综合整治工程	达埔镇	2013年3月—2013年12月	底泥疏浚16.8万 m³，生态护坡3.29万 m²，干砌石3 400 m³，浆砌石2 600 m³	1 034	492.15*	46*	81.83*	102.68*			
11	蓬壶镇汤城溪（生态河道）综合整治工程	蓬壶镇	2013年3月—2013年12月	底泥疏浚21.6万 m³，生态护坡4.97万 m²，干砌石600 m³，浆砌石1 050 m³	1 317	632.40*	59*	105.15*	131.94*			
12	五里街镇芬溪（生态河道）综合整治工程	五里街镇	2013年3月—2013年12月	底泥疏浚17.8万 m³，生态护坡1.47万 m²，干砌石1 360 m³，浆砌石850 m³	705	522.75*	49*	86.92*	109.06*			

续表

序号	项目名称	建设地点	建设周期	项目建设规模与内容	项目投资（万元）	项目绩效						
						COD削减量(t/a)	氨氮削减量(t/a)	总磷削减量(t/a)	总氮削减量(t/a)	湖滨、河滨缓冲带面积(亩)	湿地恢复面积(亩)	生态涵养林增加面积(亩)
13	吾峰镇生态河道综合整治工程	吾峰镇	2013年3月—2013年12月	底泥疏浚10.8万 m³,生态护坡1.82万 m²,干砌石1 900 m³,浆砌石1 500 m³	611	316.20*	30*	52.58*	65.97*			
14	桃城镇桃溪支流疏浚整治与岸坡整治工程	桃城镇	2014年1月—2014年12月	底泥疏浚12万 m³,生态护坡3.36万 m²,浆砌石2 200 m³	1 115	591*	43*	45*	96*			
15	东平镇桃溪支流疏浚与岸坡整治工程	东平镇	2014年3月—2014年12月	底泥疏浚8.4万 m³,生态护坡3.22万 m²,干砌石800 m³,浆砌石800 m³	990	414*	30*	32*	67*			
16	石鼓镇桃溪支流疏浚与岸坡整治工程	石鼓镇	2014年2月—2014年12月	底泥疏浚3.0万 m³,生态护坡0.42万 m²,浆砌石100 m³	120	148*	11*	11*	24*			
17	东关镇桃溪支流疏浚与岸坡整治工程	东关镇	2014年2月—2014年12月	底泥疏浚5.40万 m³,生态护坡0.70万 m²	200	266*	20*	20*	43*			
18	湖洋镇湖洋溪支流疏浚与岸坡整治工程	湖洋镇	2014年1月—2014年10月	底泥疏浚14.40万 m³,生态护坡2.52万 m²,浆砌石2 500 m³	680	710*	52*	54*	116*			
19	外山乡湖洋溪支流疏浚与岸坡整治工程	外山乡	2014年3月—2014年12月	底泥疏浚7.20万 m³,生态护坡2.17万 m²,浆砌石600 m³	440	355*	26*	27*	58*			

序号	项目名称	建设地点	建设周期	项目建设规模与内容	项目投资（万元）	项目绩效						
						COD削减量(t/a)	氨氮削减量(t/a)	总磷削减量(t/a)	总氮削减量(t/a)	湖滨、河滨缓冲带面积(亩)	湿地恢复面积(亩)	生态涵养林增加面积(亩)
20	仙夹镇桃溪支流疏浚与岸坡整治工程	仙夹镇	2015年3月—2015年12月	底泥疏浚7.20万m³，生态护坡1.54万m²，干砌石2 000 m³，浆砌石1 000 m³	400	355*	26*	27*	58*			
21	锦斗镇桃溪支流疏浚与岸坡整治工程	锦斗镇	2015年3月—2015年10月	底泥疏浚4.20万m³，生态护坡0.56万m²	170	207*	15*	16*	34*			
22	呈祥乡桃溪支流疏浚与岸坡整治工程	呈祥乡	2015年5月—2015年9月	底泥疏浚6.0万m³，生态护坡1.05万m²	270	296*	22*	23*	48*			
23	苏坑镇桃溪支流疏浚与岸坡整治工程	苏坑镇	2015年1月—2015年12月	底泥疏浚21.72万m³，生态护坡5.62万m²，浆砌石1 670 m³	1 200	1 070*	78*	82*	174*			
24	介福乡桃溪支流疏浚与岸坡整治工程	介福乡	2015年1月—2015年6月	底泥疏浚3.96万m³，生态护坡0.56万m²，浆砌石400 m³	170	195*	14*	15*	32*			
25	浐溪城区段疏浚与岸坡整治工程	浔中镇	2015年1月—2017年6月	底泥疏浚65.20万m³，生态护坡14.40万m²，浆砌石22 000 m³，干砌石8 000 m³	4 650	1 400*	170*	200*	360*			
26	大云溪三班段疏浚与岸坡整治工程	三班镇	2015年1月—2015年6月	底泥疏浚8.37万m³，生态护坡1.2万m²，干砌石13 000 m³，浆砌石500 m³	450	180*	27*	35*	50*			

续表

序号	项目名称	建设地点	建设周期	项目建设规模与内容	项目投资（万元）	项目绩效						
						COD削减量（t/a）	氨氮削减量（t/a）	总磷削减量（t/a）	总氮削减量（t/a）	湖滨、河滨缓冲带面积（亩）	湿地恢复面积（亩）	生态涵养林增加面积（亩）
27	水环境整治和水质强化净化工程	库区	2014年1月—2015年12月	在新东关桥下游1.2 km处建设前置库工程，主要包拓库区垃圾清理工程、库区底泥疏挖与清置工程、库区垃圾拦截系统和生态重建工程	4 290	400	100	20	220			
28	金圭村人工湿地生活污水处理工程	九都镇	2013年3月—2014年2月	处理规模为150 t/d的人工湿地、污水收集管网4.5 km，水库湖滨带1 km，生态护坡500 m等	300	13.14	0.99	0.22	1.65			
29	库区生态浮床净化工程	库区	2013年3月—2015年3月	水库码头四湾建设300亩生态浮床示范区	1 800	180	31.50	4.50	45			
30	库周生态隔离带工程	九都镇	2016年1月—2016年12月	在库周九都镇段建设自然原型生态隔离带，长5 km，宽度约50~100 m，对现有库滨缓冲区进行改造和完善	200	90	30	6	48	1 000		
31	水库新东湾人工湿地工程	库区	2016年1月—2016年12月	在库区新东湾建设300亩人工湿地	560	150	45	12	105		300	
32	水库新峰溪入库口人工湿地工程	库区	2016年1月—2016年12月	在新峰溪入库口建设800亩人工湿地	1 500	400	120	32	280		800	

续表

序号	项目名称	建设地点	建设周期	项目建设规模与内容	项目投资（万元）	项目绩效						
						COD削减量（t/a）	氨氮削减量（t/a）	总磷削减量（t/a）	总氮削减量（t/a）	湖滨、河滨缓冲带面积（亩）	湿地恢复面积（亩）	生态涵养林增加面积（亩）
33	库区生态系统调控与修复工程	库区	2014年1月—2017年6月	沿库周种植长10 km，宽1～2 m的植物带，每年投放鱼苗400万尾	400	20.00	6.00	1.60	14.00			
34	东平镇桃溪流域生态环境保护与综合（底泥）治理工程	东平镇	2013年3月—2013年12月	桃溪东平段河道疏浚长1 km，底泥疏浚20万m³	495	586.50*	63.63*	97.52*	122.36*			
35	桃溪达埔段底泥疏浚工程	达埔镇	2014年1月—2014年9月	桃溪达埔段河道疏浚长2 km，底泥疏浚3万m³	75	195.70*	12.77*	16.45*	24.57*			
36	桃溪蓬壶段底泥疏浚工程	蓬壶镇	2014年1月—2014年9月	桃溪蓬壶段河道疏浚长2 km，底泥疏浚3万m³	75	195.70*	12.77*	16.45*	24.57*			
37	桃溪石鼓段底泥疏浚工程	石鼓镇	2014年1月—2014年9月	桃溪石鼓段河道疏浚长1.5 km，底泥疏浚1.8万m³	45	117.42*	7.66*	9.87*	14.74*			
38	桃溪桃城段底泥疏浚工程	桃城镇	2014年1月—2014年12月	桃溪桃城段河道疏浚长1 km，底泥疏浚20万m³	495	1 304.68*	85.16*	109.70*	163.77*			
39	库区底泥疏浚工程	库区	2014年3月—2016年9月	库区底泥疏浚工程180万m³	9 500	9 030*	718*	970*	1 305*			
饮用水源地保护及环境监管能力建设项目小计					4 880							

续表

序号	项目名称	建设地点	建设周期	项目建设规模与内容	项目投资（万元）	项目绩效						
						COD削减量（t/a）	氨氮削减量（t/a）	总磷削减量（t/a）	总氮削减量（t/a）	湖滨、河滨缓冲带面积（亩）	湿地恢复面积（亩）	生态涵养林增加面积（亩）
1	环境监控实验中心	库区	2016年1月—2017年6月	监测实验室建设、仪器设备配置等	1 980							
2	流域生态保护监测站	库区	2016年1月—2017年6月	保护站建设、仪器设备配置等	1 020							
3	水质在线监测站	库区	2016年1月—2016年6月	入库口和库区各设置1个水质在线监测站	500							
4	水环境监测船	库区	2015年1月—2015年4月	库区配置1艘水环境监测船	110							
5	水源地环境管理信息系统	流域	2016年1月—2017年9月	数字流域环境信息系统、流域水环境预警系统建设	500							
6	水库应急能力建设工程	流域	2016年1月—2017年6月	应急队伍建设、应急预案管理系统建设、应急指挥系统建设	470							
7	流域监督管理能力建设工程	流域	2016年1月—2017年6月	流域环境监察、宣教、信息等监管能力建设	200							
8	饮用水水源地建设工程	流域	2016年1月—2016年6月	饮用水水源地标识、标志建设	100							
产业结构调整项目小计					900							

续表

序号	项目名称	建设地点	建设周期	项目建设规模与内容	项目投资（万元）	项目绩效 COD削减量（t/a）	氨氮削减量（t/a）	总磷削减量（t/a）	总氮削减量（t/a）	湖滨、河滨缓冲带面积（亩）	湿地恢复面积（亩）	生态涵养林增加面积（亩）
1	产业结构调整规划	流域	2016年3月—2016年9月	针对影响生态功能发挥的主要受限制因素提出产业结构调整方案	100							
2	产业结构调整	流域	2016年9月—2017年3月	实施退耕还林、退茶还林工程，对流域内化工、造纸、食品等重点行业进行关停并转，大力发展生态农业、生态林业、生态旅游和生态服务业	800							
生态安全调查与评估项目小计					450							
1	流域生态安全调查与评估	流域	2013年3月—2017年6月	开展流域生态安全调查与评估，完成年度调查内容，总体评估	450							

注："*"表示底泥污染物削减量，单位为t，底泥污染物削减量合计为COD 20 346.50 t，氨氮1 707.99 t，总氮2 275.47 t，总磷3 377.66 t，表中项目绩效的污染物削减量统计中未包含底泥污染物削减量。

10 效益与目标可达性分析

10.1 效益分析

10.1.1 环境效益分析

（1）污水治理效益分析

① 工业污染源治理

关停福建省永春东园纸业有限公司，搬迁福建海汇化工有限公司、永春县东平镇定点屠宰场等企业；工业企业的废水经处理达到接管标准后接管至城镇污水处理厂集中处理，对于未能纳入城镇污水处理厂处理的工业企业必须配套建设污水处理设施，实现达标排放。工业废水稳定达标率达到 100%，工业废水污染物削减量分别为 COD 290.21 t/a、氨氮 130.34 t/a、总氮 152.37 t/a、总磷 3.51 t/a。

② 城镇生活污水处理

实施永春县污水处理厂、德化县生活污水处理厂的提标改造工程和配套管网工程，铺设污水管网 72.52 km，尾水达到一级 A 标准；建设蓬壶镇、达埔镇、锦斗镇、苏坑镇、仙夹镇、吾峰镇、湖洋镇、东关镇 8 个乡镇的城镇生活污水处理及配套管网工程，日处理规模达到 2.11 万 t；实施九都镇污水管网建设工程，管网长度 12 km，提升泵站 1 座。同时建设城镇雨污分流管网，将城镇径流接至城镇污水处理厂统一处理。流域城镇生活污水集中处理率达到 100%，污染物削减量分别为 COD 2 241.59 t/a、氨氮 115.52 t/a、总氮 336.05 t/a、总磷 38.93 t/a。

③ 农村生活污水处理

在人口相对集中区域实施农村生活污水收集及处理工程，共建设 86 座农村生活污水集中处理设施，处理规模达到 9 345 t/d。农村生活污水入河污染负荷削减量达到 COD 836.22 t/a、氨氮 237.02 t/a、总氮 246.43 t/a、总磷 25.48 t/a。

（2）畜禽养殖业污染治理

将禁养区和禁建区内的 5 家规模化养殖场搬迁到流域外，对流域内其他 20 家规模化养殖场的污染防治设施进行升级改造，实现污染物零排放。畜禽养殖污染负荷削减量达到 COD 2 177.42 t/a、氨氮 399.13 t/a、总氮 744.62 t/a、总磷 112.52 t/a。

（3）垃圾处理处置

配置流域垃圾收集、转运设施，使城镇生活垃圾和农村生活垃圾收集处理率分别达到 100% 和 80%；在德化县建设高内坑生活垃圾填埋场，一期库容为 127.6 万 m³，使德化县生活垃圾能得到有效处理处置。生活垃圾污染物削减量达到 COD 1 730.06 t/a、氨氮 254.80 t/a、总氮 440.41 t/a、总磷 88.07 t/a。

（4）农业面源污染治理

对流域内农业种植结构和耕作技术的优化调整，从源头上减少面源污染；对水库周边、桃溪两岸的农田实施生态沟渠等一系列工程措施，拦截随地表径流进入河道的泥沙和各类营养物质，农业面源污染处理率达到 60%。农业面源污染负荷削减量达到 COD 1 682.70 t/a、氨氮 336.54 t/a、总氮 572.11 t/a、总磷69.56 t/a。

（5）生态系统保护与恢复

① 入库河流生态河道

建设桃溪和湖洋溪干流生态河道，总长 9 km。在桃溪和湖洋溪的主要支流构建生态河道工程，长约 132.4 km，底泥污染物削减量为 COD 6 571 t、氨氮 521 t、总氮 1 160 t、总磷 678 t；在浐溪及其支流构建长 18.47 km 的生态河道，底泥污染物削减量为 COD 1 580 t、氨氮 197 t、总氮 410 t、总磷 235 t。在支流汇入桃溪的河口处构建人工湿地，湿地恢复面积为 400 亩，每年削减 COD 200 t、氨氮 60 t、总氮 140 t、总磷 16 t。

② 前置库工程

新东关桥下游 1.2 km 处建设前置库工程，包括库区垃圾清理、库区底泥疏挖与处置、库区垃圾拦截系统、生态重建与景观建设等，每年削减 COD 400 t、氨氮 100 t、总氮 220 t 和总磷 20 t。

③ 库区生态工程

在库周九都镇段建设自然原型生态隔离带,长 5 km,宽度约 50～100 m,对现有湖滨缓冲区进行改造和完善,增加库滨缓冲带面积 1 000 亩。在水库新东湾和新峰溪入库口分别建设 300 亩和 800 亩的人工湿地,湿地恢复面积 1 100 亩,预计每年可削减 COD 550 t、氨氮 165 t、总氮 385 t、总磷 44 t;在金圭村圣湖建设日处理生活污水 150 t 的人工湿地,主要处理金圭村的生活污水,每年可削减 COD 13.14 t、氨氮 0.99 t、总氮 1.65 t、总磷 0.22 t;在水库码四湾建设 300 亩生态浮床示范区,每年可削减 COD 180 t、氨氮 31.5 t、总氮 45 t、总磷 4.5 t。

④ 流域内源污染风险控制工程(清淤工程)

在水库原围养殖区、水库入库口、水库中部实施生态清淤,清淤量约 180 万 m³;桃溪东平段、桃城段、达埔段、蓬壶段和石鼓段实施清淤,清淤量为 72 万 m³。预计底泥污染物削减量为 COD 11 430 t、氨氮 900 t、总氮 1 655 t、总磷 1 220 t。

10.1.2　经济效益分析

(1) 水质改善经济价值

流域内水环境质量的提高,极大地改善了区域投资环境。这一效益的取得,为该地区的社会经济发展、外资引进以及产品数量和质量的提高,提供了较高质量的水资源保证条件。

(2) 水污染控制效益

水污染控制效益可以用污染损失费用来衡量。目前流域内水质出现超标现象,若不及时进行水污染控制和生态恢复,势必导致流域水资源紧缺、工农业以及生活用水不足、供水处理成本增加、景观质量下降、健康安全投入增加、水污染治理费用增加等局面,其后果将十分严重,污染损失费用巨大。

10.1.3　社会效益分析

各项环境整治方案实施后,山美水库流域范围内的水环境质量得到较大改善,水环境功能有较大提高,为流域水资源的综合开发利用、人与自然和谐统一以及流域内国民经济的可持续发展提供了有力保证,在一定程度上缓解了流域污染

现状,根除了流域污染存在的隐患,减轻了流域国民经济可持续发展的制约。其社会效益极其显著,具体表现如下:

(1) 优化土地利用结构,推动林业产业发展

通过生态环境治理,不仅调整了土地利用结构,还调整了农村产业结构,使其更加科学合理。通过治理,既有效地保护了水土资源,也充分发挥了水土资源的经济效益、生态效益和社会效益,从而大大地提高了土地的利用率和产出率;通过治理,全面实施坡改梯工程等水保工程,不仅改善了农业生产条件,夯实了农业基础,提高了土地产出率,还提高了土地承载力,缓解了人地矛盾,扩大了人口环境容量,从而为大于25度陡坡地退耕还林草奠定了坚实的基础;通过治理,不仅使水土流失得到了有效控制,还大大减少了进入桃溪的泥沙,对山美水库的安全运行、效益以及延长其使用寿命都将起到积极的作用;通过治理,广大群众将获得较大的经济效益,特别是广大农民,其经济状况将得到根本好转,方案实施期间,通过实施退耕还林工程,可为流域内农民提供就业机会,同时,由于林业产业的发展将会推动其他相关产业的发展。

(2) 提高了人民群众的环境保护意识

规划方案的实施过程也是一次深刻的、生动的环境保护宣传过程,通过具体的环境保护行动,使人们能够深刻认识环境保护的重要性,使人们懂得环境污染的严重后果,包括经济损失、健康损失、资源流失等,这种行动较单纯宣传更为有效并易于被人们所接受。此外规划方案实施后还将伴随着大量宣传工作,一旦人们认识理解了环境保护的深刻含义和重要性,流域环境保护工作将产生质的飞跃,保护环境、节约资源将成为居民的自觉行为。

(3) 提高了公共健康水平

流域自然环境改善和农村废水收集处理系统等基础设施的完善,一方面净化了水体和空气,另一方面消除了蚊蝇等疾病传播媒质的滋生环境,人类生存环境得到保护和改善,减少了疾病发病率,对公共健康是极其有益的。

(4) 促进了流域生产水平的提高和科技的进步

环境整治方案实施后,流域人口素质将逐步提高。大规模教育培训会促进科学技术推广,减少农业污染。低投入、高产出、少废农田管理技术的推广,将帮助桃溪流域的农民逐步掌握合理施肥、优化施肥以及一系列田间管理技术,促进劳

动生产率的提高。

（5）促进了流域绿色生态产业和旅游业的发展

本方案的实施也将极大地促进该流域的绿色生态产业和生态旅游业的发展，形成良性循环，实现经济可持续发展目标。同时，还将大大地提高人们的生活、生存环境质量，有益于人民群众的身体健康，为群众提供旅游、观光、休闲和娱乐的场所。

（6）保护了山美水库的水生态环境和水质安全，积累环保治理经验

通过本方案的实施，将有效地控制山美水库流域的污染，保持山美水库的水质目标，保护山美水库水生态环境。同时本方案在实施过程中将累积大量的技术和运行管理经验，为我国湖库水环境保护和治理提供宝贵的经验，为湖库环境保护的发展作出贡献，具有较大的科研价值。

10.2　可达性分析

10.2.1　总量控制指标的可达性分析

根据水体纳污能力的计算结果和 2011 年及 2017 年流域污染物入河量，确定山美水库流域入河污染负荷削减量为 COD 2 749.58 t/a、氨氮 475.00 t/a、总氮 1 020.80 t/a、总磷 92.54 t/a。

规划项目实施后，流域入河污染负荷削减量为 COD 4 947.04 t/a、氨氮 859.50 t/a 总氮 1 690.27 t/a、总磷 193.55 t/a，具体见表 10.2.1。另外清淤工程实施后，底泥污染物削减量为 COD 20 346.50 t、氨氮 1 707.99 t、总磷 2 275.47 t、总氮 3 377.66 t。由此可见，项目实施后，可以满足总量控制要求。

表 10.2.1　流域入河污染负荷削减统计表

类别	污染负荷削减量(t/a)			
	COD	氨氮	总氮	总磷
工业废水处理工程	290.48	118.85	138.75	4.85
畜禽养殖治理工程	653.24	119.76	223.39	33.74

续表

类别	污染负荷削减量（t/a）			
	COD	氨氮	总氮	总磷
城镇生活污水处理工程	1 055.24	100.26	153.34	27.58
农村生活污水处理工程	20.79	21.61	2.08	2.09
农业面源污染控制工程	336.54	67.32	114.43	13.91
农村生活垃圾收集处置工程	259.52	38.21	66.06	13.19
城镇径流污染控制工程	878.09	0.00	138.57	5.87
桃溪支流河口湿地生态工程	200.00	60.00	140.00	16.00
水环境整治和水质强化净化工程	400.00	100.00	220.00	20.00
库周生态隔离带工程	90.00	30.00	48.00	6.00
新东湾人工湿地保护与生态恢复工程	150.00	45.00	105.00	12.00
新峰溪人工湿地保护与生态恢复工程	400.00	120.00	280.00	32.00
金圭村人工湿地生活污水处理工程	13.14	0.99	1.65	0.22
库区生态浮床净化工程	180.00	31.50	45.00	4.50
库区生态系统调控与修复工程	20.00	6.00	14.00	1.60
合计	4 947.04	859.50	1 690.27	193.55

10.2.2 水质目标的可达性分析

　　山美水库水质总体情况良好,除了总氮、总磷指标外,其他水质指标均能满足Ⅱ类水质标准。水库总氮、总磷出现超标主要是由流域内畜牧养殖业废水、大部分城镇生活污水及农村生活污水的直接排放,农村生活垃圾随意丢弃或简易处置,以及农业面源污染和水土流失造成的。通过生活污水、生活垃圾、畜禽粪污等处理设施建设,农业面源污染治理和水土保持项目的实施,能够针对性地解决流域水质的主要污染问题,确保实现水库总氮达到Ⅲ类水质标准、其他水质指标达到Ⅱ类水质标准的目标。

10.2.3 其他绩效指标的可达性分析

（1）工业废水达标率

2015 年底前完成流域内不符合产业政策或产能过剩企业的关停和搬迁工

作,实施工业废水提标改造,加大重点污染源和桃溪沿岸企业的治理力度,加强工业废水集中收集和处理,通过以上措施可确保实现流域内工业废水达标率达到100%的目标。

(2)城镇生活污水集中处理率

2014年前完成永春县污水处理厂和德化县污水处理厂的尾水提标改造工程及其配套管网建设,2015年底前完成蓬壶镇等8个乡镇的城镇生活污水集中处理及配套管网工程,新增污水日处理规模达到2.11万t。通过以上措施可确保实现流域内城镇生活污水集中处理率达到100%的目标。

(3)农村生活污水处理率

目前流域内农村生活污水均未经处理就直接排放,为提高农村生活污水集中处理率,一方面加快建设城镇向周边乡村的管网延伸工程,另一方面大力推广人口相对集中区域农村生活污水收集及处理设施建设,重点实施水库周边及桃溪两岸村庄的污水处理设施建设。通过以上措施可确保实现到2016年农村生活污水处理率达到66%以上的目标。

(4)生活垃圾收集处理率

流域城镇生活垃圾收集转运设施比较完善,但是农村生活垃圾收集率比较低。一方面完善城镇生活垃圾收集转运设施,另一方面按照"组保洁、村收集、镇转运、县(市)集中处理"的运作模式,以水库周边及桃溪两岸的村为重点,加强生活垃圾收集、转运设施建设,健全偏远农村的垃圾收运配套体系,完善生活垃圾管理体系和价格补贴机制,可确保实现流域内2017年城镇生活垃圾和农村生活垃圾收集处理率分别达到100%和80%的目标。

(5)规模化畜禽养殖废弃物处理率

目前,流域内共有25家规模化养殖场,将禁养区和禁建区内的5家规模化养殖场搬迁到流域外,对流域内其他20家规模化养殖场的污染防治设施进行升级改造,实现污染物零排放,可确保实现流域内2017年规模化畜禽养殖废弃物处理率达到100%的目标。

(6)水库滩地湿地面积

通过在水库新东湾和新峰溪入库口等建设人工湿地,新增湿地面积达1 100亩,可确保将滩地湿地面积在现有的基础上提高5%以上。

11 保障措施

11.1 组织保障

（1）加强领导

要充分认识山美水库生态环境保护工作的重要性、必要性和紧迫性，始终把其作为山美水库流域各级政府的一项长期性重要工作抓紧、抓好、抓实。建立健全领导责任制、任期目标责任制和责任追究制。

（2）加强协调

泉州市设立山美水库生态环境保护工作领导组办公室，负责对山美水库生态环境保护项目的指导、协调、督查和考核，形成山美水库生态环境保护统一管理、各司其职、依法行政、齐抓共管、协调配合的长效管理机制。同时，积极建立山美水库流域跨行政区域部门联动机制。

（3）建立项目推进上报制度

领导组办公室牵头有关部门就项目实施情况进行定期监督、考核，对项目的进度、质量、资金管理效果进行综合评估。按照实施方案项目计划表，编制项目进度简报，填报项目调度表，实施阶段性成果汇总。各级主管部门就各自管理内容进行项目进度安排、整理、上报。

（4）资金保障

落实国家和省资金支持，严格执行专项资金使用管理的相关规定，用好中央财政的专项资金，充分发挥中央资金效益。坚持政府财政投入为主，积极主动多方自筹资金，设立山美水库环境保护治理专项基金。探索建立与市场化相适应的融资平台，着力构建投资主体多元化、运营主体企业化、运行管理市场化的投融资体系，建立投资方、运营方、管理方以及政府、公众的顺畅的沟通途径，使山美水库环境保护工作得到全社会的积极参与和支持。充分发挥山美水库环境保护治理工程项目的作用,增加流域"造血"功能,将被动、消极、保护性的资源转变成主动、积极产出、持续优化的生态资本,使保护本身产生效益。

11.2　政策保障

(1) 前置把关,严格执法

按照预防为主的原则,山美水库流域各县发改、农业、旅游、规划、土地、水利、环保等有关职能部门要严格执行国家产业政策和环境保护工作要求,切实发挥前置审批作用,严格执行山美水库建设项目环保第一审批权和"一票否决"制度,杜绝出现新的污染源和破坏山美水库生态环境的行为发生。

环保、水利、农业、林业、规划、国土、住建、交通运输、工商等部门要调整部署、集中力量、密切配合,严厉查处破坏山美水库生态环境的各种违法行为。鼓励社会监督,设立举报电话,实行有奖举报。纪检、监察部门对上述单位履职、履责情况进行严格监督检查。

(2) 完善机制,科学考核

建立和完善山美水库生态环境保护工作考核机制,把山美水库生态环境保护工作作为各部门工作成绩和干部政绩的重要内容,考核业绩与领导干部任用相挂钩;要加强对山美水库生态环境保护项目实施情况的跟踪督查,加大责任追究力度,对在山美水库生态环境保护工作中行政不作为、慢作为以及有其他渎职行为的,要严肃追究有关单位领导及其责任人员的行政责任。

(3) 加强环境宣传教育,倡导生态文明理念

积极开展环境保护和生态文明宣传教育活动,倡导生态文明理念,推广低碳生活方式,不断增强社会的环境意识和法制观念。加强对领导干部的环境教育和培训力度,把普及环境科学知识和环境法律知识、实施可持续发展战略、提高环境与发展综合决策能力等内容纳入培训计划。继续推进"绿色学校""绿色社区"创建活动,抓好中小学环境教育工作,加大农村环境宣教工作力度,不断提高农民环境意识。认真执行政务公开制度,提高环境监管的透明度和办事效率,自觉接收

社会各界的监督。

切实加强山美水库生态环境保护工作的宣传力度,充分利用电视、网络、报刊、广播等多种形式,广泛深入持久地开展山美水库生态环境保护的宣传教育工作,提高全社会的环保意识和环境道德水平,鼓励、支持和引导全民自觉参与到保护山美水库行动中来,为山美水库生态环境保护工作提供坚实的思想保障和群众基础。

11.3 技术保障

（1）加强科技攻关,推广适用技术

加强山美水库流域社会经济发展与资源环境保护综合研究,开展山美水库流域保护和管理体制与机制研究,为流域水污染防治和生态环境保护提供决策支持。建立健全专家委员会工作机制,加强决策咨询和支持。加强山美水库生态环境保护规划、计划和实施方案的研究制定,提高综合治理的科学性、系统性和可操作性。地方政府要积极协调,加强指导,做好流域水环境治理技术集成和适用技术的开发、示范和推广培训工作。

（2）加强监测预警,提供决策依据

加强山美水库环境监测、监察和环保能力建设,力争建立山美水库生态环境监测管理平台和水面浮动监测站,及时了解掌握山美水库生态环境现状,分析和研究山美水库生态环境未来变化趋势,建立山美水库生态环境预警和应急机制。聘请有关专家组成山美水库生态环境保护专家组,在山美水库生态环境保护方面开展研究、提供咨询,为山美水库生态环境保护决策的制定提供科学依据。

（3）加强项目管理,保证工程效益

对已确定实施方案的建设项目,各地、各有关部门要将方案进一步优化、细化,科学论证工程技术方案,落实项目建设资金,做好项目前期准备,严格履行项目审批程序。要强化工程实施管理,严格实施项目法人责任制、招投标制、合同制和工程监理制,加强对工程质量和工程进度的监督管理。项目竣工后按规定验收,验收不合格不得交付使用。每年对流域重点治污项目实施、水质改善、排污总量和环境管理等情况进行监督评估。重点治污项目建成后,要组织开展评价。要严格管理建设资金,保证各类投资及时、足额到位,确保项目按计划工期实施。

(4)推进公众参与,保障环境权益

建立环境信息共享与公开制度。环保、水利、建设、卫生等部门协作,实现水源地、污染源、流域水文和人群健康资料等有关信息的共享,并由各级政府及时发布信息,让公众及时了解流域与区域环境质量状况。山美水库流域各级政府要通过设置热线电话、公众信箱、开展社会调查或环境信访等途径获得各类公众反馈信息,及时解决群众反映强烈的环境问题。健全社会动员机制,加强环境宣传,增强全社会的环境忧患意识和责任意识,倡导节约资源、保护环境、绿色消费的生活方式。

11.4 长效机制

建立以政府为主导的多元化投资机制。山美水库流域的各级政府要保证环保投入与财政收入同步增长。认真落实环保目标责任制,促进各项环保重大建设项目纳入政府、部门和企业的项目计划。根据各乡(镇)的实际情况,政府对环保项目给予一定的资金补助。把市场机制引入环保领域,实行开放市场和资本准入,吸引国内外资金投入环境保护与生态建设,逐步实现产权股份化、投资社会化、治污集约化、运行市场化和管理企业化,建立与市场经济相适应的投资和运营模式。在水污染治理投入方面,最大限度地扩大企业自主权,有效发挥市场配置资源的基础性作用。

制定环境财税、金融政策。对有利于涵养水源的天然林保护、自然保护区建设、退耕还林、发展生态农业的工程项目等,各级财政应当给予资金补贴;对水污染治理、中水回用等,要实行信贷倾斜,在贷款利率、还贷条件和折旧政策等方面给以优惠。

创新工作机制。结合山美水库流域自身特点,创新工作方法,采取有力措施,积极探索完善水库生态环境保护工作机制,全面建立水库湿地管理和保护责任体系。一是要建立灵活的生态环境监管机制。要求流域环保部门和水库管理部门在环境监管工作中打破常规,积极创新水生态环境监管手段,不断改进和完善生态环境监管模式。二是建立完善突发事件应急制度。随着流域经济的快速发展,一些水环境突发性事件时有发生,需要有关部门在强化能力建设的同时,顺应形势,积极应对,主动预防。在上级部门已有预案的基础上,根据流域环境特点,建立完善的适合本流域的突发性事件应急处理预案。同时,结合污染普查、治污减排情况,认真指导流域内企业开展风险性评价,指导企业组织突发性事件应急处理演练,提高应急处理能力。三是建立良好的生态环境保护知识普及与教育体系。推动流域水环境保护能力建设,水环境保护教育宣传是根本。要加强对公众的宣传,提高公众对环境的关注度。通过广播电台、电视台和报刊等新闻媒体设置环境保护专栏,广泛宣传流域生态环境保护知识。组织新闻、出版、文化、艺术、群团、街道、村镇以及其他社会团体,开展环境保护宣传系列活动,出版具有地方特色的环境保护科普读物,积极开展群众性生态科普活动,促进生态环境知识推广和普及。

参 考 文 献

程劲竹,郭沛涌,刘宁,等.山美水库表层沉积物黑碳分布特征及其对磷形态的影响[J].中国环境科学,2014,34(4):1012-1018.

邱祖凯,胡小贞,姚程,等.山美水库沉积物氮磷和有机质污染特征及评价[J].环境科学,2016,37(4):1389-1396.

周真明,沈春花,赵志领,等.山美水库流域表层沉积物中总磷、总氮分布特征及污染评价[J].福州大学学报(自然科学版),2011,39(4):608-612.

易成国,郭沛涌,路丁,等.福建山美水库表层沉积物不同形态硅分布特征及其环境意义[J].中国环境科学,2015,35(1):211-217.

姜霞,王书航.沉积物质量调查评估手册[M].北京:科学出版社,2012.

陈泳艺.九都镇山美水库周边水环境现状调查[J].化学工程与装备,2013(7):244-246.

路丁,郭沛涌,沈芳芳,等.福建省山美水库入库河道沉积物磷释放风险[J].环境化学,2015,34(8):1498-1505.

苏玉萍,郑达贤,林婉珍,等.福建省富营养化水库沉积物磷形态及对水体的贡献[J].湖泊科学,2005,17(4):311-316.

刘梅冰,陈兴伟,陈莹.山美水库流域氮素流失的时间过程及影响因素[J].南水北调与水利科技,2015,13(4):659-663.

周真明,沈春花,涂帆,等.山美水库综合水质标识指数评价[J].华侨大学学报(自然科学版),2010,31(2):215-217.

杨柳,刘梅冰,陈莹,等.山美水库集水区径流模拟的日尺度 SWAT 模型[J].南水北调与水利科技,2013,11(1):3-5.

刘梅冰,陈冬平,陈兴伟,等.山美水库流域水量水质模拟的 SWAT 与 CE-QUAL-W2 联合模型[J].应用生态学报,2013,24(12):3574-3580.

陈婉卿.泉州山美水库水质分布特征与富营养化趋势[J].厦门大学学报(自然科学

版),2003,42(5):639-643.

水兴勇.定置张网捕捞渔具在山美水库的应用效果[J].福建水产,2013(3):175-180.

水兴勇.山美水库渔业现状、发展与利用[J].福建水产,2002(1):78-81.

水兴勇,廖家伟,黄永春,等.泉州山美水库鱼类组成和鲢生长特性的研究[J].福建农业学报,2013,28(7):653-658.

中国环境规划院.全国水环境容量核定技术指南[Z].2003.

国务院第一次全国污染源普查领导小组办公室.第一次全国污染源普查城镇生活源产排污系数手册[Z].2008.

国务院第一次全国污染源普查领导小组办公室.第一次全国污染源普查畜禽养殖业源产排污系数手册[Z].2009.

王吉苹,朱木兰.厦门城市降雨径流氮磷非点源污染负荷分布探讨[J].厦门理工学院学报,2009,17(2):57-61.

李立青,尹澄清,何庆慈,等.城市降水径流的污染来源与排放特征研究进展[J].水科学进展,2006,17(2):288-294.

张蕾,周启星.城市地表径流污染来源的分类与特征[J].生态学杂志,2010,29(11):2272-2279.

李立青,尹澄清,何庆慈,等.武汉汉阳地区城市集水区尺度降雨径流污染过程与排放特征[J].环境科学学报,2006,26(7):1057-1061.

李燕,马晓婷,焦键,等.外源污染对山美水库总氮和总磷的影响分析[J].水资源与水工程学报,2015,26(4):93-98.

林志杰.泉州山美水库水质富营养化评价分析与防治对策[J].大坝与安全,2014(2):31-34.

林加兴.山美库区水环境问题分析与探讨[J].水利科技,2010(2):19-20.

郑彦莺.泉州市山美水库流域水环境调查与评价[J].黑龙江水利科技,2014,42(9):24-26.

程红光,郝芳华,任希岩,等.不同降雨条件下非点源污染氮负荷入河系数研究[J].环境科学学报,2006,26(3):392-397.

姚国金,逄勇,刘智森.水环境容量计算中不均匀系数求解方法探讨[J].人民珠江,

2000(2):47-50.

刘永德,何品晶,邵立明.太湖流域农村生活垃圾面源污染贡献值估算[J].农业环境科学学报,2008,27(4):1442-1445.

Danish Hydraulic Institute(DHI).MIKE11:A Modeling System for Rivers and Channels Reference Manual[R]. Copenhagen:DHI,2007.

国家环境保护总局自然生态保护司.全国规模化畜禽养殖业污染情况调查及防治对策[M].北京:中国环境科学出版社,2000.